# 热带鱼饲养与观赏图鉴

骆 宏 许金梁 编著

河南科学技术出版社
·郑州·

## 内容提要

本书是一本综合性的热带鱼饲养通俗读物，书中全面而细致地介绍了饲养热带鱼需要了解的各项知识，包括热带鱼的基本知识，饲养热带鱼所需的水质、饵料和器具，基本的饲养方法、繁殖方法，以及热带鱼的图鉴等。书中还详细地介绍了与热带鱼相依相靠的水草的鉴别和栽培，以及如何为热带鱼营造一个温馨的家——水族箱的造景。最后介绍了热带鱼常见鱼病的防治方法。全书图文结合，每个知识点都配有彩色图片，使其更加直观明了，既具图鉴功能，又是饲养热带鱼的掌中宝典。

**图书在版编目（CIP）数据**

热带鱼饲养与观赏图鉴 / 骆宏, 许金梁编著. —郑州：河南科学技术出版社, 2013.7

ISBN 978-7-5349-6168-7

Ⅰ. ①热… Ⅱ. ①骆… ②许… Ⅲ. ①热带鱼类-观赏鱼类-鱼类养殖-图解 Ⅳ. ①S965.8-64

中国版本图书馆CIP数据核字(2013)第112585号

---

出版发行：河南科学技术出版社

地址：郑州市经五路66号　邮编：450002

电话：（0371）65737028　65788613

网址：www.hnstp.cn

策划编辑：申卫娟

责任编辑：申卫娟

责任校对：崔春娟

封面设计：张　伟

版式设计：赵玉霞

责任印制：张　巍

印　　刷：河南新达彩印有限公司

经　　销：全国新华书店

幅面尺寸：170 mm×240 mm　印张：10.75　字数：190千字

版　　次：2013年7月第1版　2013年7月第1次印刷

定　　价：39.00元

---

# 目 录

## 三、热带鱼图鉴及饲养要略 / 62

## 四、热带鱼的繁殖 / 113



## 五、水草的栽培 / 130



## 六、水族箱造景 / 145

# 一、热带鱼基本知识

## 1.美丽纷呈的热带鱼

热带鱼在我国的流行，不过一二十年的时间，它那千奇百态之形状、缤纷灿烂之色彩、活泼可爱之游姿，是人们钟情于它的主要原因。更重要的是它是舶来品（虽然现在大部分是国内繁殖的），是新生事物，比起金鱼，它的内涵恐怕要丰富许多。当你第一次接触到这美丽的精灵时，你会由衷地感叹：真是天工之作，大自然里竟有这么多的神奇之物。

和热带鱼相配的是带有底柜的水族箱，这种水族箱比起早期用硅胶黏合的全玻璃水族箱更加高雅，更加时尚，更重要的是它不但是一种养鱼的器具，还是一种和现代家具十分般配的装饰品，它是身份和财富的象征，在很多家庭、商场、宾馆和大公司的入口处都不乏其身影。

水族箱中的热带鱼和碧绿的水草交相辉映，由此而营造出的热带雨林气氛会给你的生活增姿添色，生活的品味与众不同。在轻音乐的旋律中，欣赏着这些水下居民，你会气定神怡，烦恼俱消。在这里，没有快节奏的紧张劳作，没有复杂的人际关系的袭扰，更没有城市的拥挤和喧嚣，带给你的是滋润的慢生活和温馨的情调。

花罗汉

亚马孙平原，湿地鸟瞰

## 2.热带鱼的概念

热带雨林是地球上一种常见于北纬10°、南纬10°之间的热带地区生物群系，主要分布于东南亚、澳大利亚、南美洲的亚马孙河流域，以及非洲刚果河流域的广大地区。

热带鱼是指生长于这一地区的具有观赏性的鱼类，它品种繁多、多姿多彩、美轮美奂，一直受到人们的喜爱。这些地区全年气温很高，年平均温度在25～28℃，湿度很大，年降水量达2000毫米以上。由于湿热和水分充足，植物终年茂盛，许多地方森林茂密、溪流纵横，可用于观赏的鱼不计其数。

据统计，热带雨林地区的观赏鱼资源不下数千种，但目前人们饲养的仅有一千多种，而被人们经常饲养的，出现在水族馆和千家万户水族箱中的“常客”不过四五百种。目前，我们在书架上看到的各种热带鱼书籍上介绍的，大抵也是这么一些品种。

通常我们讲的热带鱼是生活在内陆河流中的热带鱼，它有别于生活在海洋中的观赏鱼。生活在大海中的可供观赏的鱼简称海水鱼，品种很多，观赏价值也很高，但饲养条件极为苛刻，价格不菲，不在本书介绍范围之内。

彩虹鱼

## 3.饲养热带鱼的经济价值

人们饲养热带鱼，多从观赏出发，但这里的商业价值也是很大的，有着巨大的市场需求量。我国港台的家庭拥有量为30%左右，在大陆拥有热带鱼的家庭虽不超过2%，但随着我国国民收入的逐步提高，会有更多的家庭涉足其中。

二十世纪八九十年代的热带鱼多来自我国港台及东南亚的繁殖场，二十一世纪以来国内的养殖场（室）如雨后春笋，但以价格不高的低端产品为主，随着科技的进步和投入的加大，质优价高的品种的繁殖将变得更加容易。应当说，热带鱼销售的前景十分看好，商机巨大。江苏徐州市的一个外出打工者，发现了其中的商机，回到家乡，从单一的虎皮鱼繁殖起，现在已经发展到一定规模，其产品已畅销至山东、安徽等地。占有天时地利的广东自不必说，在山东青岛、江苏淮安、四川成都，不少繁殖场都具有一定规模，东北虽然天气寒冷，但由于有家庭供暖设施，繁殖场也相当多。

虽然不少品种是大路货，但仍有不少高价位的品种，譬如优质的七彩神仙仍可卖到一二百元一条，部分三湖慈鲷几十元一条，一条1.5厘米长的卷贝鱼可卖150元，发色的大鱼就更贵。此外，龙鱼、异型鱼、花罗汉等，价格都相当的高。所以这里的商机是十分巨大的。要是你想掘这桶金，现在还来得及。

熊猫（卷贝类鱼）

三大湖局部图

虎皮鱼

## 4.南美洲产热带鱼

南美洲产热带鱼主要分布于亚马孙河流域。亚马孙河是南美第一大河，全长6480千米，流域面积705多万平方千米，它发源于安第斯山脉，沿途接纳了1000多条支流。亚马孙河流域跨越赤道南北，这里终年高温多雨，水流纵横，物种丰富，淡水鱼类达2000多种。流域面积内大部分为热带雨林，沼泽湿地，物种的多样性在这里得到完美体现，流域中丰富的腐殖酸和水流带来的丰沛饵料适合各种鱼类的生长。亚马孙河流域的主要鱼类有：

①体长数厘米的脂鲤科鱼（灯鱼）：有飞凤灯、火兔灯、盲鱼、银钻灯、红尾灯、蓝刚果、金十字、咖啡燕子、玻璃燕子、云石燕子、银铜灯、喷点燕、黑裙、银燕子、迷你灯、黄金灯、三点灯、咖啡溅水鱼、大帆灯、比丽灯、玻璃美人灯、王子灯、红灯管、金线灯、彩丽灯、红鼻剪刀、红眼剪刀、一点红、公主灯、红旗、黄旗、黄铜灯、高帆银旗、红印、红裙、金头灯、柠檬灯、粉红旗、黑线灯、黄肚旗、彩虹旗、金旗、黑旗、牛奶灯、钻石灯、三色灯、银屏灯、红肚铅笔、尖嘴铅笔、双带铅笔、五点铅笔、三线铅笔、金线铅笔、帝王灯、红莲灯、绿莲灯、珍珠灯、玻璃旗、拐棍、火头灯、长尾玻璃灯、二线灯、红头剪刀、黑金灯等。

铅笔鱼

红目

头尾灯

红鼻剪刀

燕子鱼（胸斧鱼）

②体长20厘米左右的中型鱼：有神仙、七彩、食人鲳、银鲳、蓝宝石、火口鱼、火鹤鱼、花老虎、画眉鱼、黑白间、红魔鬼、血鹦鹉（改良）、花罗汉（改良）、狮王、绿面皇冠等。

神仙鱼

蓝宝石

③小型短鲷：有红尾短鲷、双线短鲷、阿卡西短鲷、七彩凤凰、棋盘鲷、国王短鲷、太妃、花尾短鲷、蓝鳍短鲷、红蝶彩鲷、琴尾短鲷、红面钻石、红钻石等数十种。

阿卡西短鲷

④其他：有各种鼠鱼、鲇鱼，如咖啡鼠、白鼠、豹纹鼠、网纹鼠、花肩鼠、花纹鼠、豹鼠、耳斑鲇、啼鲇、琴形鲇、护子鲇、红尾鸭嘴、斑马鲇、虎鲇、银鲇、火箭鲇、胡椒鼠、蛇仔鱼、清道夫等。

花斑鼠

熊猫鼠

## 5.东南亚产热带鱼

马来半岛、泰国、菲律宾、印度尼西亚等地区，全年高温多雨，这里植被丰厚、河流纵横、湿地广袤。芦苇湿地中的堆积物、沉淀物经千万年的沤制分解，产生了极适合弱酸性鱼类生存的琥珀色的水，在这里，我们可以看到其他亚洲国家无法见到的奇特鱼种。

东南亚产的主要鱼种有：

①长数厘米的小型鲤科鱼（灯鱼类）：有虎皮、黑珍珠、金三角、一线长红灯、黑剪刀、黄金条鱼、白云山、樱桃灯、彩虹鲐、两头红、捆边鱼、红尾鲨、彩虹鲨、蓝脊鲈、斑马、三角灯、红鳍鲫、红两点、红玫瑰等。

②攀鲈科热带鱼：有曼龙、黄金战船、迷你马甲、发声马甲、攀鲈、丽丽鱼、斗鱼、接吻鱼等。

斑马

金曼龙

丽丽鱼

## 6.非洲产热带鱼

非洲产热带鱼主要产自南部的三大湖地区以及中非、西非的高原湖泊地区。

产于西非的最著名的热带鱼是红肚凤凰，其余还有红宝石、蓝眼灯、绿频克、黄刚果、毕卡索灯等，它们都是一些小型鱼。

中非的三大湖（马拉维湖、维多利亚湖、坦噶尼喀湖）以出产中小型的艳丽慈鲷而闻名于世。由于这三个湖位于东非大峡谷中，所以三大湖慈鲷又名峡谷慈鲷，它们具有金属般的光泽。

维多利亚湖是非洲最大的湖泊，赤道横贯北部，面积约6.9万平方千米，鱼类资源丰富。这里各品种的热带鱼体形和色彩相近，橙红色的身体上分布着黑色的斑纹，一般是口孵鱼（将受精卵含于口中孵化）。主要品种有七彩仙子、红背七彩天使、太阳神等。

马拉维湖是一条南北长600千米的狭长湖，这里出产的可供观赏的慈鲷约有200种，其中以单色鲷为多见，常见的品种有非洲王子、红孔雀、蓝茉莉、马面、阿里鱼等，这些鱼以吞食小鱼、小虾、贝类为主，具有极强的攻击性。

马拉维慈鲷的繁殖方式大多以口孵为主，交配时雄鱼会占领自己的一块地盘，然后用嘴“挖”出一块不大的洼地，展示艳丽的体色，引诱雌鱼来产卵，雄鱼授精，反复多次。雌鱼将卵含在口中孵化，幼鱼脱离母体会游动后，雌鱼还会看护一段时期。

坦噶尼喀湖位于非洲南部的坦桑尼亚和刚果（金）之间，南北长670千米，东西宽40～80千米，是世界上仅次于贝加尔湖的第二大深湖。湖中出产的可供观赏的慈

红肚凤凰

红宝石

鲷约有300种，大多艳丽光鲜，体形奇特怪异，不少品种为性格凶猛强悍的湖底捕食性鱼类，主要品种有白金燕尾、皇冠六间、女王燕尾、珍珠虎等。

非洲虎

## 7.澳大利亚产热带鱼

澳大利亚是一海洋岛国，其出产的热带鱼品种不多，主要为河口地区出产的彩虹鱼以及俗称的各种燕子鱼。品种有澳洲彩虹、红苹果美人等。燕子鱼有燕子美人、霓虹燕子、珍珠燕子、彩虹燕子等一二十种，都是双背鳍极高的小型鱼。

红苹果美人

燕子美人

## 8.容易饲养的鱼

初级进阶的品种有花鳉科的孔雀鱼、剑尾、玛丽以及攀鲈科的曼龙、珍珠马甲、斗鱼、丽丽鱼以及鲤科中的虎皮、斑马、红玫瑰、玫瑰鲫、红尾黑鲨、彩虹鲨等，这些鱼在水族馆较为多见，价格也相当便宜。

红鳍鲫（亦叫金元宝，与鲫鱼是近亲）

孔雀鱼

## 9.开始最好不要介入的鱼

①南美小型灯鱼——对水质的要求比较高，娇弱。

②七彩——要求洁净水质高溶氧，价格高。

③凶恶的肉食性鱼——体型大，占据空间大，水质污染快。

④异型鱼——对水质太敏感，易死亡。

⑤龙鱼——对水质和饵料要求较高，价格昂贵。

凶恶的帝王三间

## 10.适酸性鱼类

适宜于弱酸性软水（或中性）的有南美的脂鲤科鱼类，东南亚的小型鲤科鱼以及攀鲈科的鱼，以及南美短鲷等，如红莲灯鱼、铅笔鱼、剪刀鱼及两头红、捆边鱼、虎皮、龙鱼、漂亮宝贝等大部分品种。

金银灯

## 11.适碱性鱼类

适宜弱碱性硬水的鱼类有非洲三大湖慈鲷，花鳉科的鱼类及玻璃拉拉鱼、银鼓鱼、蝙蝠鲳鱼、射水鱼、彩虹鱼等，不过中性水质也可饲养。

黄宽带

珍珠蝴蝶

## 12.底栖性鱼类

鲇鱼、鳅科鱼中的大部分，如清道夫、反游猫鱼、魟鱼、异型鱼、蛇仔鱼、蝦虎鱼、蓝星珍珠为底栖性鱼类，它们大部分时间活动于水的底部，有时游至水的中部，在水草缸中，底栖鱼不可饲养太多，以免拱翻底沙，搅乱水草。

金鼠

## 13.温和文静的鱼类

花鳉科、脂鲤科、鲤科、攀鲈科的大部分，彩虹鱼、小型鼠鱼、小丽鱼等，基本都是温和文静的鱼。

宝莲灯

高帆银旗

## 14.凶悍好斗的鱼类

中大型鱼，尤其是繁殖期的雄鱼，譬如珍珠虎、非洲凤凰、火口鱼、狮王、嫦娥、红宝石等，古代鱼中大型鱼，以及攀鲈、黄金战船、泰国斗鱼都十分好斗。

地图鱼

## 15.肉食捕食性鱼类

大型慈鲷、花老虎、得州豹、非洲凤凰、非洲王子、火口鱼、皇冠六间、帝王三间、阿里鱼以及大型鲇鱼，红尾鸭嘴、火箭鲇、虎鲇、银鲇，古代鱼中的雀鳝、龙鱼、七星刀、电鳗等，还有食人鲳，都是肉食捕食性鱼，它们凶悍好斗。

星点豹

## 16.卵胎生的鱼类

花鳉科的鱼都是卵胎生的，即体内受精，生下来就是小鱼，一般每胎可产稚鱼数十条。其品种包括：孔雀鱼、剑尾鱼、玛丽鱼、食蚊鱼、月光鱼及缸鱼等。

月光鱼稚鱼

## 17.卵生的鱼类

除了胎生的外，绝大部分鱼为卵生鱼类，不过卵生的情况稍有不同，有些产浮性卵（卵浮于水面），如攀鲈科的卵；有些卵下沉底部（大部分如此）；有些卵会粘于水草、沙石或花盆上，如慈鲷；有些会飘散于缸底。

神仙鱼和七彩鱼

## 18.一年生鱼

一年生鱼指当年生当年死亡的鱼，为数极少，如鳉鱼中的火麒麟，它们会将卵产于泥炭中，不久即死去，卵粒在泥炭中休眠一段时间，条件成熟后再发育。

火麒麟（漂亮宝贝）

## 19.花鳉科热带鱼的特点

本科都是一些小型鱼，3～4厘米长，玛丽和雄剑尾长一些，7～8厘米。这些产于中南美洲的廉价的鱼总是非常漂亮，在粗放的饲养中你会得到无穷的乐趣，甚至毫不费力地收获许多胎生的稚鱼。这一科的鱼，也叫阔扁鳉鱼，它们喜欢吃青苔，它们的嘴无一例外地又扁又阔，便于啄食固着的青苔，这是进化的结果。本科的变异品种有红黑剑、三色月光、皮球玛丽等。

金玛丽

## 20.脂鲤科热带鱼的特点

本科鱼大多产于南美洲，是热带鱼中种类最多的一个科，它们的尾柄上方大多有一个小小的脂鳍。脂鲤科热带鱼包括前面提到的大部分小型灯鱼，各种胸斧鱼，各种铅笔鱼（窄口鱼），以及其他鱼类（如各种裙鱼、各种扯旗鱼、各种溅水鱼及少量中型鱼）。这些鱼在市场上受欢迎的程度是很高的，花纹、色彩堪称一绝，能发出金属般的光泽。这类小型鱼喜群居，一缸放养几十尾或上百尾，群游的景象令人惊叹。它们适宜养于水草缸中，它们的胆子都很小，水草是它们隐蔽的好场所。

黑裙

彩裙

## 21.丽鱼科（慈鲷科）热带鱼的特点

本科鱼有着极艳丽的体色，除了脂鲤科外，品种数量恐怕是最多的了（达二三千种）。另外，它们护卵护幼，有着独特而有趣的繁殖方式，故也称慈鲷。

鱼类的鼻孔大多数由“U”形管构成，头两侧各有两个孔，丽鱼每侧只有一个孔，且背鳍很长，多数体型较大，食性杂、食量大，觅食凶狠，生长迅速，喜欢生长在静止或微流动的水域。它们大多鲁莽好斗，弱肉强食，排斥异己，尤其是繁殖期的雄鱼，大鱼绝不可与小鱼混养。

它们大致分为以下几类：

①南美中大型鱼：如地图、火口、血鹦鹉、菠萝等鱼，这些鱼对水质没有过高的要求，食量大，生长快。

七彩菠萝

②短鲷：前面列举的各种南美短鲷以及西非短鲷、还有橘子鱼、钻石菠萝，都是一些特别喜欢水草的数厘米长的小型鱼。它们是灯鱼中的佼佼者，有着宝石般的体色、高长的背鳍，显得与众不同。相对于中大型鱼，它们对水质的要求就比较高。

红肚凤凰

③三湖慈鲷：有1900多种，它们以艳丽的体色而著称，这是许多朋友喜爱它们的原因，但它们是机会主义者、掠食者，它们有的躲在岩石旁，有的把自己埋在沙中，有的甚至装死，鳃盖也停止张合，等待来者而捕食之。因它们爱打斗，许多人不得不放弃饲养。在原产地的岩石湖区，水域宽广，地形复杂，洞穴很多，弱小的一方可以藏于一隅。而水族箱中可不行，毕竟空间较小，所以饲养三湖慈鲷应用长1米以上的水族箱，并且尽量模拟一个复杂的岩石区环境，否则弱者非死即伤，至少其色彩也不敢显现。打斗的情况在幼鱼中

好得多，但三四厘米长的鱼，已开始追咬。

为避免打斗，还应注意将鱼同时放入，不要先后加入，否则后加入者会受欺负；也不要养得太少，太少反而容易造成恃强凌弱的现象，养一群差不多大小的鱼会好得多。同一品种的雄鱼养一条为好，在繁殖期，雄鱼之间、异体之间的打斗是不可避免的。

皇帝鱼

## 22.攀鲈科热带鱼的特点

本科热带鱼主要分布在亚洲南部，这种鱼的鳃部有辅助呼吸器官——褶鳃，当水中缺氧时，可直接游至水面从空气中获取氧气，一般不会发生缺氧而亡的现象。它们的腹鳍胸位演化成了长须，本科中有凶猛好斗的各种斗鱼，如泰国斗鱼、中国斗鱼，有温和艳丽的丽丽鱼，有活泼敏捷的三星鱼、曼龙鱼，敦厚善良的接吻鱼、厚唇攀鲈，还有能发声的发声鱼以及会爬树的其貌不扬的攀鲈。更有一部分是口孵鱼如苏门答腊斗鱼、加里曼丹斗鱼，常由雄鱼将受精卵含在口中孵化。要是你养一缸攀鲈鱼，其色彩也是很和谐漂亮的，蓝色的曼龙、紫红或蓝色的斗鱼、红蓝条相间的丽丽鱼以及褐色的马甲鱼，一定是很有趣的。

蓝曼龙

## 23.鲤科热带鱼的特点

在马来半岛，苏门答腊的低洼地带，遍布芦苇湿地、河流湖泊众多，在这特殊的环境中，孕育了大批的鲤科鱼类，这里是盛产热带鱼的宝库，河湖小溪，鲤类和鲅类热带鱼俯拾皆是，而攀鲈科的斗鱼、马甲鱼亦不少见。这些鲤科热带鱼多为一些小型鱼，鲃鱼类（如彩虹鲃、虎皮、红玫瑰等）和鳎鱼类（如斑马、金丝鱼等）是一些代表品种。这些鱼和我国的金鱼、鲫鱼以及鲤鱼（花鱼）、锦鲤，为一个亚种，为地域性变异而成。

本科鱼口内无齿，仅在咽喉部有凸起的“咽喉齿”用以磨碎食物，它们游动活泼，性情温和，喜欢生活在多水草的领域，卵生，卵有黏性。

彩虹鲨

红玫瑰

## 24.鲇科热带鱼的特点

鲇科鱼的品种和数量相当多，大小不一、性格迥异、长相悬殊。所以不少品种习惯上也叫异型鱼，严格地讲，它们中的许多品种来自温带，并不能称为热带鱼，但它们也是水族馆的当家品种。它们口的周围有敏感的长须，须上有味蕾，借以在深暗的水中觅食；它们常在水的底部活动，默默无闻地做着清洁工作；它们有的有厚厚的鳞片，如同穿上盔甲一样。

鲇科鱼大多其貌不扬，形状奇特：有的鼠头鼠脑，如各种鼠鱼；有的头部上下

豹纹鼠

美洲黑猫

扁阔，如红尾鸭嘴鱼、铲子鱼；有的头部尖长，如火箭鲇鱼；更有一些品种根本不像“鱼”，如蛇仔鱼像一条蛇；长江中下游的华吸鳅匍匐在水底，极像一只爬行动物；琵琶鱼不知像一只什么怪物。它们大多被冠以“猫”“鼠”之类的称呼，其实除了触须，还有尖尖的头部，以及跟老鼠一样鬼鬼祟祟的性格，其他方面跟猫、鼠毫不相干。

## 25.异型鱼的特点

顾名思义，异型鱼就是体型奇特的鱼，它们大多为鲇形目、鲇形亚目、吸甲鲇科的鱼。这些来自南美洲的观赏新贵，是近年来新兴的神秘鱼种，在它们身上充斥着一种野生鱼类的狂放不羁的气质，虽然有些品种在欧洲及我国台湾已人工繁殖成功，但它们之中很多直接来自野外，来自原产地。

台湾进口这种鱼已有10年时间，但尚未占据台湾热门鱼的位置，可从消费在异型鱼身上的数量来看，大有超过当年的红龙鱼、七彩鱼之势。但是因为以下原因，使异型鱼至今未能成为主角：健康状况，即由野生鱼进入到家养的过渡问题；鱼名的差异混乱使消费者难以认识、适从，妨碍了推广；鱼的品种进口随季节性变化不够稳定。

其实，异型鱼早在二十几年前就出现在欧洲、日本、东南亚了，如黄鳍鲇、斑条斑以及广为饲养的清道夫都是异型鱼，只不过那时不叫异型鱼。这几年的流行趋势，与商家的炒作不无关系，它们都是极普通的鱼，甚至还有点其貌不扬，没有“标准”的体型，只不过是原生态的，但价格炒得奇高。在上海、广州等地的热带鱼市场，都有专门销售这种鱼的水族馆。

本书介绍的皇冠豹、黄金达摩等即为异型鱼。

皇冠豹

花骑士

## 26.彩虹鱼的特点

生活在澳大利亚沿海河口地区的彩虹鱼经过漫长时间的进化，已经完全适应淡水中的生活了。虽然它们源自大海，但在纯淡水中亦能显示它们彩虹般的姿色，它们的头部尤为漂亮，会像章鱼般变色。各种彩虹鱼身体高阔，大多双背鳍，它们性情温和，是混养的好品种。适宜中性至微碱性的水质，为了体色的稳定，也可在水中加入0.2%的食盐，水温22～25℃。它们不挑食，活饵、人工饵料都乐于接受。

半身黄彩虹

在野外的河流中，彩虹鱼大多数十成百尾地成群游动，当你准备饲养这种鱼时，建议你一次饲养6条或8条以上，密植水草，留有较大的活动空间，前方放置一块沉木，绑扎一些莫丝类或蕨类，带有过滤器的水微微流动，这样的环境说不定还会诱发彩虹鱼产卵。

## 27.古代鱼的特点

说它们是古代鱼，是因为将它们和远古时期留存的化石进行比较证实的——亿万年来，这些鱼的外形几乎没有多大的改变。

古代鱼是活化石，酷似泥鳅的多鳍鱼能在浅水中生活，海象（鱼）能像攀鲈鱼和鳅科鱼一样，可以直接获取水面的氧气；雀鳝的肺管形同肺，它离水后也不会死亡；而无观赏价值的泥鳅在潮湿的土壤中数月也不会死亡。两栖动物由鱼类进化而来，动物由水生向陆生进化从这里也可以得到佐证。

雀鳝

目前作为观赏鱼饲养的古代鱼有海象、魔鬼刀、龙鱼、雀鳝、多鳍鱼、虹鱼、七星刀等。

## 28.河口鱼

生活在河流入海口处的鱼叫河口鱼，这类鱼习惯于含一定盐分的水质（1‰～4‰），但也不是非加盐不可，这些鱼总是“咸淡相宜”。河口鱼通常不耐有机污染，微量的盐更有利于对水中有害细菌的抑制。

河口鱼的种类有河鲀、蝙蝠鲳、黄鳍鲳、射水鱼、橘子鱼、竹签鱼、半颚鱼、玻璃拉拉鱼、金鼓、银鼓、彩虹鱼，这些鱼在后面章节中都有介绍。

射水鱼

竹签鱼

## 29.中国产热带鱼

中国虽然有好大一部分海洋处于热带地区，但大陆基本为亚热带、温带气候，和其他不少鱼种一样，通常我们将以下各品种也称为热带鱼，并且在不少水族馆也有销售。

①三星鱼：产于云南西双版纳雨林地区，跟曼龙鱼是近亲。

②白云山鱼：又名唐鱼、金丝鱼，是20世纪外国人在我国广州白云山附近的水域中发现的，当时称“唐鱼”，又因当时中国贫穷落后，殖民者起了一个带有侮辱性的名字：贫民灯管鱼。

金丝鱼长4厘米，体色艳丽，头尖眼大，腹下垂。身体褐色，体侧有蓝色和金色的条纹横贯前后，尾红色，被称为中国的红绿灯。

三星鱼

金丝鱼有较强的适应能力，如耐低温、对水质无特殊要求、对饵料的适应范围广，属鲤科鱼，同鲤科鱼一样的饲养和繁殖方法。

金丝鱼

③胭脂鱼：又名红鱼、火烧鳊鱼、一帆风顺，产于我国长江、闽江水系。

胭脂鱼属大型鱼类，最大体长达1米，体重30千克，水族箱内以饲养幼鱼为主，对水质无要求，但要防止水质大的变化。

胭脂鱼身体高阔，背鳍高耸，鳍基很长，背部呈弧形，下颌至腹部较平直，头尖，口下位，嘴唇较厚，无须。幼鱼期体色灰白，以后渐渐长成灰褐色，并出现3条较宽的黑色横纹，第1条黑纹在鳃后，第2条黑纹在背鳍以下，第3条黑纹在臀鳍前。胭脂鱼未长至成鱼之前还比较“文静”，长大后较凶猛。幼时3条黑色横纹也比较明显，长大后黑色变浅散乱，体形变得又高又阔，失去观赏价值。雄鱼有一条胭脂红色的很宽的纵带从鳃盖至尾柄末端，雌鱼的纵带色泽更深呈紫红色。

胭脂鱼

胭脂鱼属底栖性杂食性鱼类，喜食各种活饵和水草，亦常在箱底啃食残饵及有机物碎屑；其食量大，生长快，能耐低温，抗病力强，易于饲养。由于其体型很大，肉味鲜美，加之色彩美丽，遭到人们的滥捕，现存世已日渐稀少，除长江水系有少量分布外，闽江水系已属罕见。2010年，我国已在长江流域进行大面积人工鱼苗放养。

④中国斗鱼：又名叉尾斗鱼、台兔鱼，分布在我国南方的河流、水渠稻田中，因为分布在中国南方亚热带气候区，所以在较低的水温中也能生存，14～18℃生长良好。中国斗鱼大致有三种颜色：一是白色为底，红色花纹；二是黑紫色，尾红；三是蓝底，金色横纹，尾红色，尾有叉尾及圆尾两种。网上销售的不少是人工繁殖而成。

中国斗鱼

中国斗鱼喜争斗，雄鱼常撕咬一处不肯罢休，除了大型水族箱，雄鱼一般不可养于一处。

⑤中国鳑鲏：7～8厘米长，雄鱼艳蓝色，鳍橙红，在欧亚河流广为分布。

⑥蝦虎鱼：如小蜜蜂鱼，斑栉虾虎鱼以及前年在广东海丰县莲花山溪流中发现并命名的周氏吻虾虎鱼。

中国鳑鲏

蝦虎鱼

## 30.荧光鱼和激光鱼

将透明的玻璃鱼（如玻璃拉拉鱼）通过激光着色，变为粉红、深绿、鹅黄等各种色彩的鱼，叫作激光鱼。还有在鹅黄的血鹦鹉身上着色的，甚至打上“财”之类字的。

20世纪90年代，台湾郃港生物海洋贸易公司成功培育出一种新型的荧光鱼——“郃港1号”，这是将珊瑚的红色基因移植到斑马鱼的胚胎中杂交而成，这种鱼曾经轰动一时，后来除了粉红色的，还有翠绿色的、纯黄色的等品种，浑身散发荧光。

激光着色的玻璃拉拉鱼

转基因鱼（红斑马）

## 31.灯　鱼

散发着浓艳色彩和金属般光泽的小型鱼类，在养殖圈内习惯称之为灯鱼，它不是生物学上的一个概念，而是养殖圈内的习惯叫法，这种叫法得到了广大鱼友的认可，也表明人们对其灿烂色彩的肯定和喜爱，在南美洲、东南亚乃至非洲，这种灯鱼不计其数，饲养经久不衰，大陆关于灯鱼的专门报道不多，这个话题似乎太广，在本书中，有不少灯鱼养殖方面的内容。

迷你灯

红绿灯

## 32.短　鲷

短鲷中的原生品种和日本、欧洲培育的变异品种有50种左右，这种10厘米以下的小型鱼除了艳丽外就是胆小，短鲷同样不是分类学上的一个名词，它是早期港台养殖圈内对南美小型慈鲷的叫法，现已被广大饲养者广为知晓，即便如此，短鲷的饲养毕竟凤毛麟角，市场亦罕见，它的饲养和繁殖难度促成了它较高的价格，妨碍了它的普及。短鲷的饲养应遵循以下几点：

①维持稳定的洁净的水质。要始终保证水中亚硝酸盐的含量处于极低的水平，有规律地清污换水，又不要因换水致刺激过勤，在水草缸中，你得把水养“活”，水质清澄透亮，适量的藻类有助于对水中硝酸盐的消化吸收。通常水质为弱酸性或中性，硬度偏软，维持这种水质，除了过滤以外，还可以定期加入一些黑水（或草泥丸），草泥丸能较长时间地释放酸性物质，一般每10天加入50～100克即可（视鱼缸大小）。

②保持均衡的营养。短鲷总体上对饵料不甚挑剔，但还是要注意饵料的多样化，各种小型活饵、血虫和水蚤一定不可缺少，这有利于增强体质，提高抵抗力。为防止

将寄生虫带入体内，活饵可以冷冻片刻再行投喂，短鲷觅食文雅，行为斯文。

③适当混养。缸中可以混养少量孔雀鱼、小鼠鱼、小精灵以及水晶虾、斑马螺，这有利于鱼缸的卫生，但这些角色不可喧宾夺主，过多混养其他鱼，会使短鲷局促不安，疲于应付。

④营造可隐蔽场所。短鲷胆小，适量的水草、石洞、椰子壳、沉木等对其隐蔽和休息至关重要。

刚入缸时，特别在混养的缸中，它们总是躲于隐蔽处，不轻易出来，雄鱼还好一些，雌鱼更胆小，过10天左右，情况会好得多，稍强势的鱼总会追咬它们，但短鲷也有发威的时候，它们猛然一口会把同等大小的斗鱼咬得落荒而逃。至于繁殖期，它们护卵护幼，会显得更加勇敢无畏。短鲷不喜群居，独来独往，清高机警，它们有丰富的肢体语言，有时竖直在水中，有时倒立在水中，有时身体扭曲成“S”形，有时会张口片刻，它们的色彩会时隐时现（主要是雌鱼），雄鱼比雌鱼体大、色艳。

泰非阿卡西短鲷

金头三线

印加鹦鹉短鲷

## 33.各种铅笔鱼（窄口鱼）

各种小型铅笔鱼是脂鲤科中一道亮丽的风景，它们的种类不是很多，有一二十种，市场罕见，十几年来，笔者在上海、宁波、苏州、常州、扬州等地水族馆皆未见其身姿。这次在广州芳村花鸟市场，总算见到一两个品种。铅笔鱼以体型奇特，色彩亮丽著称，梭形、头尖、尾瘦长，有数条与侧线平行的条纹，黑、红、蓝、白，视品种不同，也有分布数个相隔的黑点的（如五点铅笔）。铅笔鱼基本分布在亚马孙水系的圭亚那、苏里南、秘鲁境内，适温23～27℃，弱酸至中性软水，肉食或杂食性。体长一般5厘米左右，大部分难以繁殖，商业潜力巨大。

小型红铅笔

尖嘴铅笔

## 34.各种燕子鱼（胸斧鱼）

燕子鱼产于亚马孙河下游哥伦比亚、苏里南一带的芦苇丛中，它们身体较扁，头尖小，从头沿胸向下明显下垂加大，从侧面看，极像一个三角形，又像一把斧子，故又名斧头鱼、大肚燕儿。

这种鱼极善跳跃，在当地水域中，当小船划过水面，受惊吓的燕子鱼会跃出水面，它们的胸鳍像翅膀一样发达有力，在水面滑行一段距离后，重新落入水中。所以水族箱应加盖。

喷点燕子

燕子鱼体长5厘米左右，性格温和，属于脂鲤类，主要品种有云石燕子（阴阳燕子）、玻璃燕子、咖啡燕子等。它们适宜于弱酸性软水，水质宜洁净透明，它们常在水面游动，昂着头巡游于水面。燕子鱼喜食活饵，也吃颗粒或薄片饲料。

## 35.神仙鱼

原产于亚马孙河流域的神仙鱼和七彩神仙是丽鱼科的代表，它们的外形高而薄。神仙鱼拥有飘逸而超长的背臀、尾鳍，除了抢食之外，它们的游动慢条斯理。其独特的气质，在水草缸中悠然游动的倩影，使很多鱼友青睐于它们。和那些穿梭不停的淘气包相比，它们显得稳重大方，淡雅中显示出从容靓丽。

白神仙

金头燕

云石神仙

## 36. 七彩神仙鱼

七彩神仙鱼产于亚马孙河流域，这种观赏鱼中的“皇后”用任何溢美之词加以形容都不为过分，它那憨态可掬的飘逸，七彩斑纹、宝石般的色泽，使无数的鱼友难以释怀。野生的七彩充满的是一种古朴的美，原生态无须装饰，落落大方，而由各国培育出来的杂交品种仿佛具有现代高雅气质的时装模特，诱惑力非同一般。

蓝七彩

七彩的价格相差很大，主要看花纹，花纹要艳、全、清丽，花纹不全、模模糊糊，昏暗者属于次品。

红蛇纹

红白七彩

# 二、水质和投饵

## 37.对水温的要求

热带鱼喜欢生活在水体洁净、水草茂盛、微有流动的河流或湖泊中。因为来自热带，人工饲养首先要满足温度这一条件，也就是水温偏低时需要加温。绝大部分热带鱼所需的水温为18～30℃，最适宜的水温为22～26℃。

热带雨林地区炎热的气候使水温终年变化不大，这里没有明显的四季区分，热带鱼就生活在这种水体中，22～26℃是水族箱中应正常保持的水温，虽然有些生活在纬度稍高地区的热带鱼（斑马鱼、剑鱼、花鳉鱼）能适应稍低的水温，但这些鱼为数不多。

关刀宝石

温度过高或过低，都会引起热带鱼的不适，导致色彩暗淡、食欲降低，甚至患病死亡。此外，热带鱼不能适应瞬间的温度剧烈变化。如换水时将鱼放入另一水体而温度相差2～3℃，或运输途中缺少保温措施，都易引起热带鱼的死亡。

## 38.加温和加热管

加热管是鱼缸中必不可少的加温器材，目前市售的加热管多半为自动控温型的，能根据水温的高低自行启动或断开，使水温维持在调定的值上。选用加热管的功率与水族箱的盛水量成正比，即盛水越多，功率越大（表1），否则，冬季温度不能上升到一定数值。在使用加热管时，应放入水中再通电，切断电源数分钟再取出，并防止碰撞和跌落。饲养大型鱼时，应用金属网罩对加热管罩牢保护。调整加热管的设定温度前，应先切断电源，然后从水中取出，调至所需的度数后重新放入原位固定好。水族箱盛水量与加热管功率配比如表1所示。

表1　水族箱盛水量与加热管功率配比

| 水族箱长（毫米） | 水容量（升） | 加热管功率（瓦） |
|---|---|---|
| 600 | 40 | 60 |
| 900 | 120 | 100 |
| 1 200 | 200 | 300 |
| 1 500 | 350 | 500 |

在气温较低的季节，为节约成本，要对鱼缸进行保温。保温的方法：在水族箱左右及后侧用平整塑料泡沫固定或缝制布袋套好；温室饲养或封闭的阳台饲养，较大规模的商业饲养，在室内用煤炉进行管道式加温。管道式加温是让热气管道从室内通过并散热，或用专用设备将炉上热水通过密闭的管道在各个水族箱内循环，将热量直接供至缸内。

东北地区有供暖设施，这为热带鱼的饲养带来了方便，一般不需要专门的加温，成本会低得多。

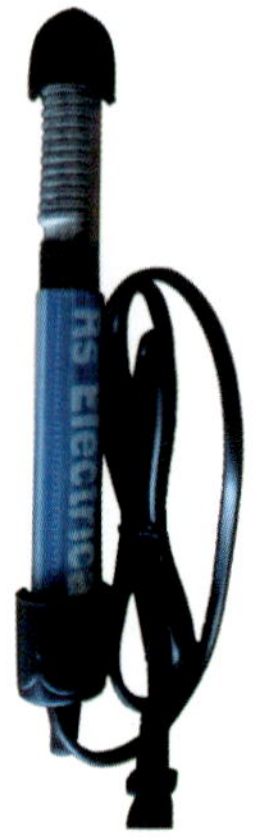


加热管

## 39.降温措施

夏季室内的水温达31～32℃，几乎到了热带鱼的生理极限。进入夏季，当水温正常维持在25℃左右时，即应拔去加热管的插头（除了高温鱼如龙鱼、七彩等）；不可将鱼缸放在有阳光照射的地方，要打开缸盖，加强散热，减少灯照的时间。

亦可将冰块包扎好，置入水中，但对于上百升的31℃的水的大缸来讲，可谓“杯水车薪”。用地下水降温不失为一好办法，在容量为10千克的塑料袋内灌进井水大半，扎紧袋口置入鱼缸中，一两小时后再进行更换，大型饲养场干脆让井水从置入池底的密封的管道中通过，降温的效果也是很明显的。

此外，开启空调或冷水机也是不错的降温措施，不过成本太高。

## 40.对水的酸碱度（pH值）的要求

水的酸碱度用pH值表示，分为0～14个等级。pH值7为中性水，低于7为酸性，数值越低酸度越大；大于7为碱性水，数值越高碱性越大。热带雨林地区植被茂盛，动物繁多，湿地广袤，充沛的雨水的浸泡，大量的动植物尸体产生了大量的腐殖酸，这些地区的水都呈弱酸性，来自这些地区的热带鱼大多适宜弱酸性的水质。而墨西哥湾河口地区，处于咸淡水交界处，水质中性偏碱，所以这些地方的花鳉科鱼类都适宜中性偏碱的水质。非洲三大湖地区的水质偏碱，这些地区产的慈鲷同样适应中性偏碱的水质。

测试酸碱度的pH试纸

## 41.pH值的测试和调节

如果水的酸碱度不适合你饲养的鱼，需要对pH值进行调节。

①pH值的测试方法：

用pH试纸。将测试条浸于测试的液体中，5秒钟后拿出和比色板上的色彩进行比较，最接近的色彩的数值即水的pH值。

用酸度计。

用市售的测试液进行精确测试。

②pH值的调整：

提高pH值：加入小苏打或市售的调高剂。

降低pH值：加入磷酸或磷酸二氢钠或市售的专用调低剂。

草泥丸、水质安定剂也有一定的降酸效果。

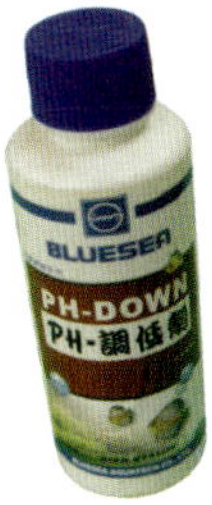


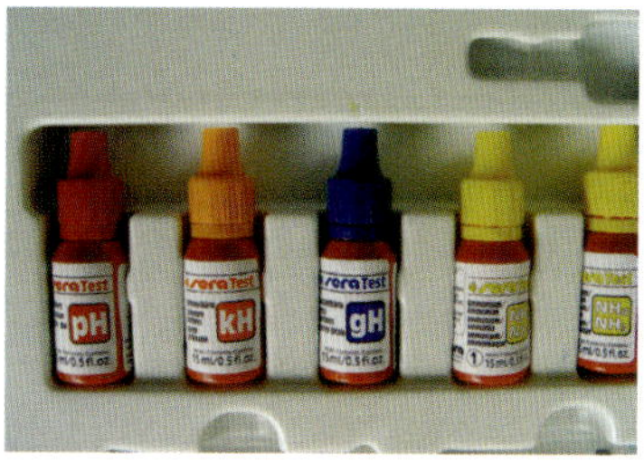


酸碱度和硬度调节剂

## 42.对水的硬度的要求

硬度就是水中钙离子（$Ca^{2+}$）、镁离子（$Mg^{2+}$）等的含量，这些化学性质活泼的金属离子通常是以盐的形式（和酸根的结合）存在，如碳酸钙（$CaCO_3$）、碳酸镁（$MgCO_3$），当水中$Ca^{2+}$、$Mg^{2+}$的浓度超过重碳酸盐的浓度时，则过剩的$Ca^{2+}$、$Mg^{2+}$ 又会与硫酸根离子（$SO_4^{2-}$）、硝酸根离子（$NO_3^-$）、氯离子（$Cl^-$）相结合，形成硫酸盐、硝酸盐、氯化物，这些盐类越多，说明水质越硬。德国的计量标准是按每升水含10毫克氧化钙（CaO）为1°，并把水分为：<3° dH(超软水)，4°～5° dH(软水)，6°～10° dH(硬水)，10°～15° dH(中等硬水)，>15° dH(超硬水)。碳酸盐硬度用加热的方法可去除，又叫暂时硬度，硝酸盐、硫酸盐、氯化物（不可用加热的方法去除）称为永久硬度，总硬度为暂时硬度和永久硬度之和。

来自雨林地区的大部分热带鱼需要软水，来自入海河口的彩虹鱼、非洲大湖鱼类、花鳉科鱼类，适应中等或稍硬的水质。

## 43.硬度的测试和调节

硬度的测试方法可用市售的专用试剂测试。

①硬度的降低：兑入蒸馏水、凉开水、洁净雨水、去离子的纯净水或使用去离子的树脂。

树脂是一种人工合成的有机物，是通过交换作用去除水中的$Ca^+$、$Mg^+$,从而降低硬度。

②提高或降低硬度：用市售的提高或降低硬度的试剂。

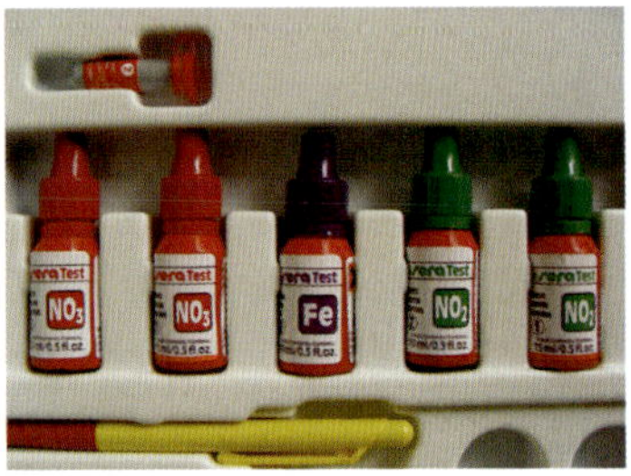

亚硝酸和铁测试剂

## 44.纯净水和凉白开水

饲养软水类鱼类，有人会想到纯净水，纯净水的微量元素和各种盐类已经去除，是一种硬度为0的水，但含氧量极低，且成本太大，因此纯净水是不适宜于养鱼的。同样，凉白开水中的碳酸盐已经析出去除，硬度极低，但它的含氧量也低，需要曝气数天后才可掺和使用。这两种水一般和自来水掺和使用，曝气数天，用于软水类热带鱼的繁殖，非繁殖一般不予考虑。

## 45.热带鱼的适应性

以上介绍了许多饲养方面的要求，倒好像让读者觉得饲养热带鱼有点复杂，有点难度，水质条件苛刻，令意欲涉足的人们望而却步，其实并非如此。上百年来，经过若干国家若干代的人工繁殖，大部分热带鱼对水质（主要是pH值和硬度）的轻微波动已经有了一定的适应能力，一般只要在适宜的中性值附近，热带鱼都会生活得很好。我们今天所饲养的热带鱼，基本都是由东南亚以及国内（绝大部分）繁育而成的，它们的适应性是比较强的。

饲养中，除了用测试剂测试以外，可以对鱼和水草的状况进行观察，若鱼儿活泼，色彩鲜艳，水草旺盛，水质澄清，则说明水族箱中的水质是基本正常的，热带鱼是适应的。热带鱼的杂交后代对水质的适应性是比较强的，除了一些品种的繁殖对水质的要求相当苛刻外，一般城市的自来水都能满足饲养的要求（只是一开始测试或稍加调整为好，另外，向销售商咨询一下，以做好水质的衔接）。

红剑

当然，有许多条件是不可降低的，譬如温度，一定要加温至所需的温度；又如水的干净度，即水中污物（氨、亚硝酸盐等）的含量不可过量；还有光照量（尤对水草），不可不足。

## 46.鱼儿为什么喜欢流动的水

鱼儿都喜欢流动的水，“流水不腐，户枢不蠹”，流水会带来充足的溶氧，会衍生硝化菌，在野外，流水还会带来充足的食物。鱼儿都习惯于逆流而上，迎着流水游动，这是一种生存的需要。水族箱中要有水流，但制造的水流不可过大，更不可将鱼冲得东倒西歪，否则会消耗鱼儿的能量，使鱼处于一种不安定的状态。

## 47.野外的水源

鱼类生活在野外的溪流河湖中，是不需要换水的，在这里，河面广大，水草丰盛，水中及污泥中存在大量的硝化细菌、枯草杆菌，阳光的照射，空气的流动，植物的生长使得水体自然净化，水质优良。而家养鱼塘的情况就不同了，家养鱼塘追求的是产量，放养的密度很高，无水草（或已被家鱼吃光），容易缺氧，水质容易败坏，要经常增氧、换水，每隔两三年还要彻底清污。水族箱的情况跟鱼塘有点类似，鱼的吃喝拉撒全在里面，水族箱的自净能力很弱，所以得经常换水、增氧、过滤，投放硝化细菌，热带鱼才能正常生存。

外置式过滤泵

## 48.用自来水养鱼

自来水取自江湖，是经过处理和净化的水，去除了杂质，用氯制剂杀灭了部分病原微生物，在出厂前，对其多种指标进行了化验和测定，应当说，使用自来水养鱼是比较安全的。直接使用自来水时，要用大苏打进行除氯，一般每50升水用量为米粒大小的颗粒6～8粒，不用大苏打时，应将自来水搁置曝气数天（夏天1～2天，冬天3～4天）。

另外，各地自来水的水源不同，水的酸碱度和硬度亦有所差异，在饲养热带鱼时，最好先了解一

水质过滤

下本地自来水的硬度，并根据自己饲养的热带鱼的种类确定是否要进行调整。

以井水或泉水作为自来水水源的也可用来饲养热带鱼，不过因硬度高，不适宜饲养软水鱼类。

## 49.氧气和增氧

①氧气。

热带鱼的呼吸器官是鳃，通过鳃盖不停地张合，让水流经过鳃丝表面的毛细血管，从而在这里进行气体交换。

充足的水溶氧是热带鱼赖以生存的必要条件。在室外条件下，视温度不同，当水与空气的接触达到饱和时，含氧量在5～12毫克/升，而室内的水族箱则远远低于这一标准。

一般来讲，热带鱼要求的水溶氧含量在5毫克/升以上，有些鱼如七彩神仙鱼、燕子鱼、虎皮鱼、短鲷等，则完全需要高溶氧的水质，在混养的缸中，它们总是先于其他鱼而浮头。

养鱼业余爱好者对水溶氧的指标是无法测定的，但可以凭借自己控制水质的经验和鱼儿在水中的状态进行观察掌握。如鱼儿不浮头，在水中活动积极，觅食频繁，即不缺氧，否则需要立即采取增氧措施。

增氧

水溶氧多集中于水的中上层，越向下越少，其含量和气温成反比，即温度越高，水溶氧越少。鱼的耗氧量和气温成正比，即温度越高，耗氧量越大。所以，在炎热的夏季，室内的水族箱如无温控设施，水温可达31℃，应特别防止热带鱼缺氧浮头。夜间的气压一般比白天还要低，溶氧更少；此时水草不但不能进行光合作用制造氧气，还要消耗氧气。黎明时水溶氧达到一天中的最低值，严重浮头时，鱼儿会在短时间内因“闷缸”而死亡。水溶氧和鱼儿放养的密度有关，即鱼养得越密，溶氧越少。水溶氧和水质有关，如水已污染，甚至发臭发暗，说明溶氧已非常稀少。水溶氧和水草的生长状态有关，若水草茂密郁郁葱葱，鱼儿也不易缺氧。所以水溶氧是多种因素影响的结果，大致上是凭经验，凭观察。保持水体不缺氧，鱼儿不浮头，是养好热带鱼的基本要求。

②增氧。

发现鱼浮头时，应立即采取增氧措施。及时清除粪便，控制氨向亚硝酸盐转化，兑入新水；不剩余食物（尤其是人工饵料），保持较稀密度，是保证溶氧充足的基本措施。此外，启动增氧泵和过滤泵，水草的光合作用，施放增氧剂（如3%过氧化氢溶液），都能起到增氧作用。

## 50.增氧泵

增氧泵分两种：一种是电磁式的，有一个或两个出气口，功率小，只有3～5瓦，适宜家用；另一种是电动机式的，有多个出气口，功率大，适合水族馆或养殖场使用。气泵应远离水源，放于高出水面的位置，防止水倒流其中引发事故。

使用气泵应以较好的水质为基础，若水已污浊应调整水质。否则，虽不停供气，也没有作用。

增氧泵

## 51.光照

万物生长靠太阳，在水族箱中，热带鱼所需的光照是通过灯具的照明来解决的。光照是能量的来源。光照不足，将使热带鱼色彩黯淡，失去观赏价值。各种热带鱼对光照的需求不尽相同，如月光鱼、虎皮鱼、玛丽鱼、三角鱼、银汉鱼等需要较多的光照，有些鱼如红绿灯鱼、黑裙鱼、黑灯鱼等就不需要太多的光照。即使是需光量较多的鱼，也不能有长时间的光线直射。热带鱼的光照以折射光或散射光为宜。

光照适宜、水草葱然

在自然水域中，热带鱼是通过游入草丛、树荫或石缝中以及变换在水中上下层的位置对光照进行自由调节。在水族箱中，我们可以通过控制光照的时间、灯具功率的大小以及栽种水草、安放沉木和山石等措施，让热带鱼背光躲藏，自由地对光照进行调节。

光照对水草比对热带鱼更为重要，缺乏或不足都会使水草无法生长，这个问题将在后面详细叙述。

## 52.灯具灯架

水族箱的照明灯具应最大限度地模拟自然光的效果，它包括光的强度，以及后面讲到的色温和演色性。灯具种类繁多，发光效率不一，档次价位有高有低，选择灯具时，要选择功率（瓦数）低，光通量最大的产品。

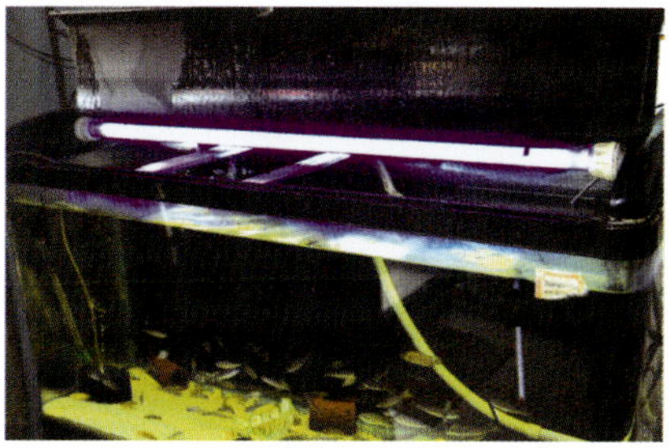
荧光灯

水族箱专用灯具和普通灯具虽然在外形上差别不大，但内部结构比普通灯具复杂了许多，它要求是封闭式的，不能有漏电的现象，灯管或灯泡必须是植物型的，反光面必须光洁，不会被水汽腐蚀。

①荧光灯：就是一般的照明灯管，它的优点是安装方便（安装于水族箱盖内侧），价格低廉，缺点是发光效率不高，每瓦只有9流明。若使用两支40瓦的灯管，其光通量只有9×40×2=720（流明），对于鱼的照明来讲，这种光量没有大的问题。但中小型水草水族箱的照明至少要达到3500流明。

荧光灯经过设计和改造，产生了一些新的品种，如设计了红色和蓝色灯（也称为水草灯），效能提高了许多；另有太阳卤素荧光灯最接近金属卤素灯管的功能，价格不是很高，效能也优异。

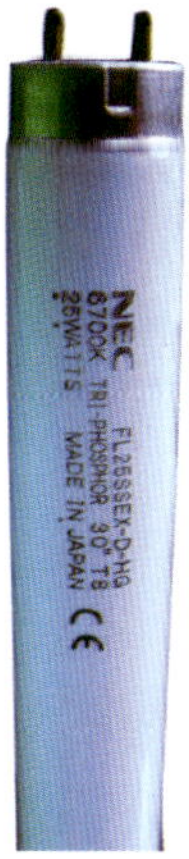

色温6700K的水草灯

②金属卤素灯：为最接近太阳光谱的灯具，发光效率高，穿透力强（3～4米），质量好的寿命长可达10 000小时，但价

格偏高。金属卤素灯多为高功率的灯泡，有150瓦、300瓦、400瓦等，使用中周边辐射热达300℃以上，因此必须考虑用电的安全性；夏天应在灯泡旁安置一台小型风扇，为灯泡和水降温；灯泡应离水面30厘米以上，以防水溅上去引发爆炸，还可减少高温对水的影响。

③水银灯：它的光谱较全，发光效率较高，每瓦达到50流明以上，若使用两支40瓦的灯管，其光通量可达50×2×40=4000（流明）。

④LED灯：这是一种冷光源，其发光效率达到53流明/瓦以上，而且有红、绿、蓝（三基色）三种光谱，这种灯具也适合水草的生长。

照明灯具的灯架由灯管支架与反光镜面组成。目前常用的灯架有铝质灯架和塑胶灯架，铝质灯架的散热效果好，比较安全。塑胶灯架在使用时要注意灯管的功率必须同灯架相匹配，如果灯管的功率太大，容易烧坏灯架，引起用电故障。电源稳压器有外部的与藏在灯架内部的两种，外部连接的电源稳压器比较占空间，而且，在使用中如果不当心落入水中，容易造成用电事故。最好选择内带电源稳压器的灯架。反光镜面的作用是将灯管发出的光经过反光镜面聚集，反射到水族箱的底部，增加光照强度，使灯的照明度达到最佳的效果。

由于灯管在使用中的热量很高，为了防止过高的温度将灯座熔化，水族箱上使用的灯座多为铝合金的材料，一是不容易烧坏，二是铝合金的散热性好。

碘钨灯

LED灯

## 53.水中的有害物质

水中的有害物质主要是由鱼的代谢产生的，如鱼的排泄物、脱落的表皮、呼吸的排出物等。此外，饵料的溶失和腐败也是引起水质变差的重要原因。这些物质会产生氨或本身就含有氨，氨会转化为亚硝酸；亚硝酸是有毒的，而且会消耗氧气，所以得从源头上解决氨和亚硝酸的问题。

清理鱼缸

水质的判断可以用一些试剂来确定，但更要仔细观察，鱼缸多大？养了多少鱼？自己换水的频次？水有无异味？水面有无泡沫（蛋白质）？鱼的状态，如是否舒服活泼？由这些大致可以判断出水质的好坏，饲养了一段时间，经验就会增加。这个问题在后面还要叙述。

## 54.水质的净化和鱼缸的护理

吸水管

水中的有害物质达到一定的量后，就会引发鱼病，甚至死亡，平时要注意鱼缸的水质调理，有规律地换水、过滤；日常的操作不要随便，不可轻率，亦不可长期不闻不问，以致出了问题再去纠正——有生命的鱼儿需要细心地呵护。不要单纯依赖商家的上门护理，他们或许一个月才上门一次。鱼缸出了问题，什么原因自己最有数，譬如哪次饲料倒多了；譬如鱼原来都好好的，引进一两条后鱼都生病了，可能是被引进的鱼传染了；譬如混养缸中，小鱼渐渐少了，肯定是被大鱼吃了。

## 55.换水次数

常听到有的朋友问：几天换一回水？其实这个问题不好笼统回答，也没有一个确切的答案，得根据水质、鱼缸大小、养鱼的数量、饲养的方法灵活掌握。

## 56.部分换水（吸脚子）

部分换水时，用特制的玻璃管（或硬塑料管），直径0.5～0.8厘米，长度为60～100厘米（根据鱼缸的深度），套上一软塑料管（长度为1.5米），伸入鱼缸底部，利用虹吸现象，吸除裸缸底部的粪便，结束后兑入等量等温的新水，吸除量约占整缸水量的1/8左右。这一过程耗时不多，简便易行，保持了缸中的良好水质，一般每隔一日或两日进行一次，使之成为水族爱好者的一个良好的管理习惯。

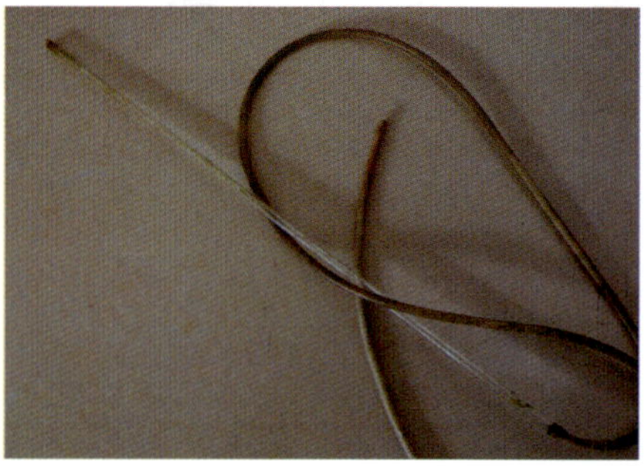

吸水管

在大型缸中，通常用水泵将水直接抽出，然后补充备用的水。在过滤良好的情况下，10天左右1次，如“免换水”饲养缸（下面将叙述），1个月左右1次。

## 57.全部换水

全部换水是在水族箱内水质严重污染或鱼已患病或需要清缸洗沙的情况下进行的，对于小水族箱而言，需要的水量不多时，这是可行的；对于1米以上的中大型水族箱而言，需要几百升温水，还要排水、捞鱼、移草、洗沙、擦缸等，况且全部换成新水，水质不同，对鱼的刺激可想而知，鱼极容易生病，所以这是万不得已才采用的。

平时要注意保护、调整水质，经常注意部分换水，而全部换水这一工作基本可以免除。

## 58.换水工具

换水所用工具有排水管、水桶、捞鱼网、水勺、鱼盆，套上连水管的水泵。

## 59.过滤

①物理过滤：即过滤掉水中的杂质。当水进入过滤盒中经过滤材，起过滤作用的是过滤棉，过滤棉材料有羊毛绒、海绵、锦纶棉等。

②生物过滤：是利用生物菌相互吞噬的习性，大量培育有益菌来吞噬有害细菌，同时分解水中的有害物质。在过滤系统中，物理过滤与生物过滤是一个有机的结合体，它们在过滤的过程中是互补的；物理过滤是过滤的先锋，首先将水中的杂质去除，然后由生物过滤中的硝化细菌、光合细菌等对水中肉眼看不见的有害细菌和亚硝酸进行分解。假设在过滤系统中缺少物理过滤，水中的杂质就会在水族箱中变质腐败，如鱼的粪便、吃剩的鱼食等会成为有害细菌的营养源，大量的有害细菌繁殖抑制了硝化细菌的生长；反过来，如果没有硝化细菌或光合细菌，虽然物理过滤已将水中的杂质完全过滤掉，但看不见的有害细菌还是存在于水族箱中，造成水质污染，使鱼得病或死亡。

硝化细菌

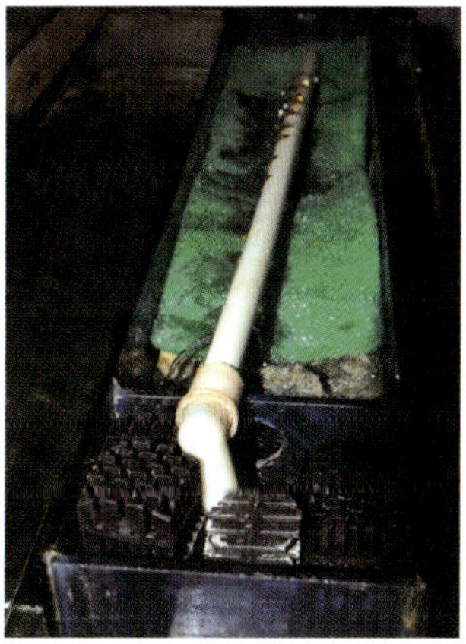

上过滤

背式过滤

## 60.各种过滤器

①机械式过滤泵：这是放置在小型鱼缸上方的一种过滤泵，也是一种普通的机械式过滤泵，电动机和过滤盒在上部，盒内装有多层海绵和纱布，将底部的水抽上

来后流经过滤盒内，海绵将水内较大的颗粒滤去，所以每次过滤后应将滤材上的污物洗净。也可将其改成硝化过滤系统，添加硝化细菌后，将盒内的滤材增加到一定程度即可，这样的话，时间长了也会产生硝化细菌的。

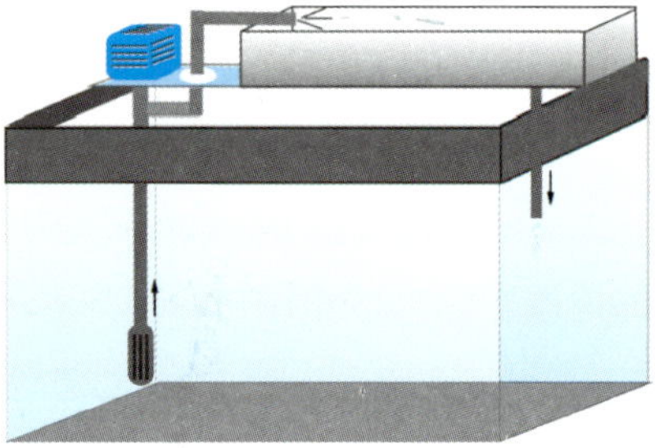

上过滤原理

②内过滤泵：这是一种安装于水族箱内的小型过滤泵，因其体积小，填充的滤材有限，所以过滤能力不是很高，使用久了还应防止漏电。

③潜水泵：这是一种水从两个口喷出的小型电动水泵。其中一个喷口在水中，可以制造水流，另一个喷口接上塑料管，使水流入顶部的过滤盒（盒内同样有多层滤材）起过滤作用。这种泵还有一个细软管通向水面，由于空吸作用，水面上的空气通过软管进入水底的水流，起增氧作用。潜水泵同样是沉入水中使用的，用久了应防备漏电。

④外过滤泵：外过滤泵由于体积比较大，填充的滤材比较多，过滤效率很高，通常其滤材有四五“关”以上，从第一层向上，有过滤棉、鹅卵石、生化球、细沙、活性炭、沸石等，这样硝化细菌的培养室体积很大，硝化细菌繁殖很快，过滤的效果很好。

⑤底部过滤：整个过滤系统在底部的底柜中，由三部分组成，左侧盒、初级滤材、中间盒，有生化球、瓷环、细菌层（砂球、砂饼）、麦饭石等，右侧将中间滤盒的来水通过输送泵送回水族箱中，这是一种大型过滤系统，大型缸的过滤系统一般都在底柜中。

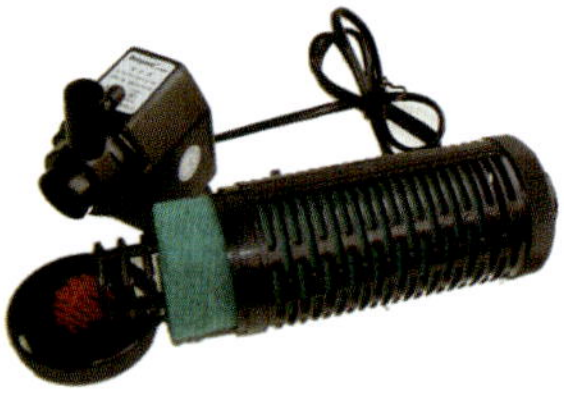

内过滤器

潜水泵

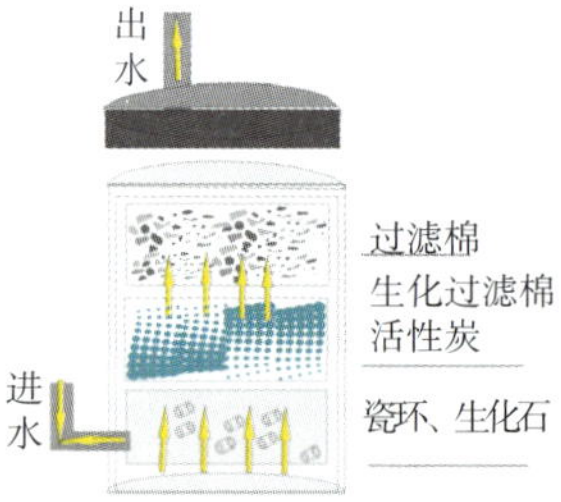


外挂过滤器截面图

# 61.硝化细菌的培养

水族箱使用的硝化细菌是工厂培育的有益菌体，它能分解水中的氨和亚硝酸盐。亚硝酸盐是生物新陈代谢中产生的有机物，鱼类的粪便、残饵、分泌物以及水草的烂叶经细菌分解发酵，转化为亚硝酸盐（$NO_2^-$）、氨（$NH_3$）、硫化氢（$H_2S$）等有害物质，硝化细菌即以这些物质为营养生长繁殖，并将其转化为无害的硝酸盐（$NO_3^-$）。硝化过滤是目前使用较多的高效的过滤方法，是一种生物化学过程。在一个水族箱中，如果没有大型鱼类，没有太多的粪便排出，没有过多的残饵，只要保持一定的硝化细菌的含量，水族箱中的水可以基本不用换。

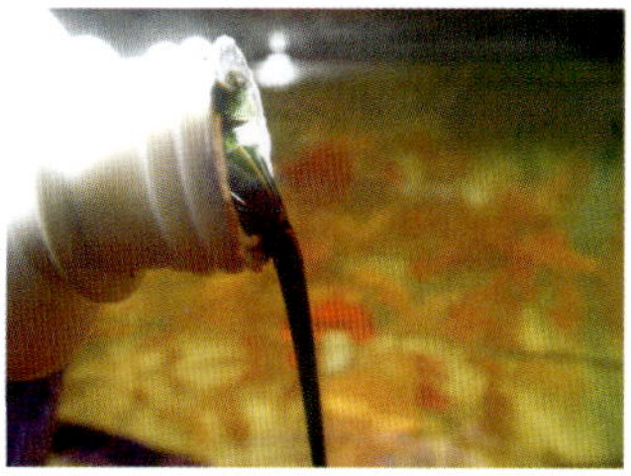

倒入硝化细菌

硝化细菌在水族箱中需要经常添加才能维持整个硝化系统的最佳运转状态，在新设立的水族箱中，最初需要成倍地添加，当其繁殖到一定程度时，可以减少添加的量，最多在兑水时适量地添加即可。具体添加量可参照商家的推荐。

硝化细菌在不停流动的水中生长不快，喜欢在沙石、过滤棉、生物陶瓷、活性炭等多孔的表面积很大的环境中繁殖，一般经20天才能增殖到一定的量。新铺设的水族箱最好先放入几条廉价的鱼，让硝化系统运转一定的时间后再正式放鱼。另外，对于含有硝化细菌的过滤器，每次不必洗得太“净”，只要去除壅塞即可，更不可用开水烫或用杀菌剂清洗。用药物给鱼治病时，也尽量不要将药物投入缸内。

硝化细菌在没有氨和亚硝酸盐的情况下会处于半休眠状态，当接触到氧气后会迅速从培养床的氨和亚硝酸盐中获取养分，这是硝化细菌的最佳生长期，当水中氨和亚硝酸盐的浓度减少后，硝化细菌失去了食物来源，就会停止生长，处于静止期。影响硝化细菌数量的主要因素有：

①温度。硝化细菌适合20～28℃的最佳生长温度，低于5℃或高于42℃即停止代谢，甚至死亡。

②光。光照会抑制硝化细菌的生长。

③寄居物。前面叙述了各种滤材，硝化细菌在多孔的表面积很大的附着物体中能最大程度地呈几何级数繁殖。

④水流。由于硝化细菌是在水中附着生活的，所以必须靠水流输送它所需要的

氧气、氨以及亚硝酸盐等营养物质。因此，静止的水流不利于硝化细菌的生长，而不停转的水流也不利于硝化细菌的附着和繁殖。我们可以通过定时开关，譬如每间隔1小时工作，在培养床中创造一种干干湿湿的环境，让硝化细菌大量繁殖并及时输送至水中。

⑤溶解氧。水中含氧量会影响硝化细菌的生长，不应低于百万分之二。

⑥酸碱度。硝化细菌适宜生长在pH值7.0～7.5的环境中。

市售硝化细菌有液体和固体两种，液体为纯菌体和培养体，在水中容易苏醒进入附着体内。液体的有效期一般为6个月。粉状固体是经过喷干处理的，有效期1年左右，购买时应注意有效期。

## 62.“免换水”饲养法

20世纪90年代末，一种全新的热带鱼饲养法——“免换水”饲养法风靡世界。它是在水草缸中给鱼喂饲一种纯天然的生物制剂——硝化细菌，利用特殊的循环过滤系统来解决鱼缸的清洁和换水问题。

上面讲到的这种硝化细菌不但用来进行硝化过滤，还可作为食物添加，因其中含有大量的蛋白质、维生素、类胡萝卜素等物质。

通过硝化过滤，有效地分解了水中的氨和亚硝酸盐等有毒物质，终极产品（为

免换水饲养

硝酸盐、磷酸盐等）还可成为水草的肥料。

与这种生物制剂配套的过滤器种类很多，内过滤器由于放于水族箱内，体积不大，只能填充少量的滤材，所以过滤能力有限，只能用于中小型的水族箱。外过滤器比较大，过滤室内可以填充多层生化材料，过滤效率很高，2～3小时就能将水族箱内的水循环一遍。而一般的潜水泵也可用来过滤，即在水族箱的顶部制作一个过滤盒，放置多层滤材，使其成为一个生化过滤系统。

为保证水草生长良好，必须定期给水草施肥，使用照明灯具时，必须开启$CO_2$供应系统，满足水草对$CO_2$的吸收。在水草茂盛光合作用良好的水族箱中，白天水草释放的氧气足以满足鱼儿夜间对氧气的需求，只要饲养密度不大，大可不必担心夜间缺氧。

以上设计形成了一个良性生态系统，它是真正“绿色大自然”的翻版，缸内诸多元素互相依存，水草茂盛，水质澄清透明，热带鱼健康美丽，不会生病。更重要的是它省去了饲养者繁杂的劳动，不必清缸，原则上不必换水，只是从预防的角度（为防止沙石中有机物过多，防止藻类的滋生），每年若干次用吸水管或振动泵抽去沙石中的部分老水兑入新水即可。

## 63. “免换水鱼缸”

这几年市面上出现一种“免换水鱼缸”，说用这种鱼缸养鱼可以免换水。这些鱼缸的式样有家具式的、壁挂式的，五花八门，奇形怪状。但不知一个鱼缸，几株塑料水草，几条鱼养在里面就可以免换水了？还说加了什么“生态液”（其实也是硝化细菌）。玻璃缸和免换水有何关系？这是欺骗未入门者的谎言。有些鱼友轻信宣传，购买此种鱼缸，免换水饲养，结果鱼都挂了，鱼友投诉后工商部门找到厂家，责令其停止不实之宣传。“免换水”和鱼缸的样式、材料没有关系，一定要有上节所述的设备和条件，且绝对免换水是不可能的。

生化棉

## 64.常用的滤材

①过滤棉：棉毯状，多孔，用多层放于过滤盒内或卷好后置于内过滤器内，一般不单独使用。

②生化球：多孔球形，表面积极大，有利于硝化细菌附着及繁殖，常多个一起填充于过滤室内。

③陶瓷环：常多个一起填充使用。

④沙石：常在大型过滤系统中使用，经济实用，过滤效率高，常将细沙和中沙结合使用，制作成形后也叫“细菌屋”。

⑤活性炭：黑色颗粒状的活性炭具有多孔的表面和强大的吸附功能，可以脱色除异味，起到净化水质的作用，用久了要清洗，晾晒后可再次使用，时间再久则应更换。

⑥麦饭石：过滤效果好，吸附性好，含有多种微量元素，被有的商家称为“镇店之宝”。

多孔生化球

多孔生化棉

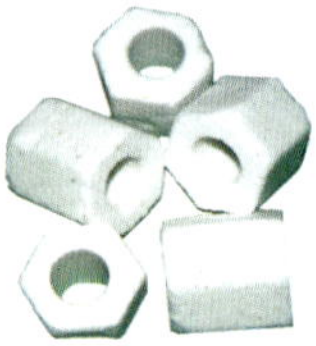

瓷环

活性炭

## 65.裸缸饲养

裸缸饲养是大多数热带鱼爱好者刚学习饲养时采用的方法，缸内只有加热管和过滤泵。这种饲养方法的好处是花钱不多，上马快，缺点是水质易混浊，管理工作比较烦琐，观赏效果差。

鱼儿放入水族箱之前，自来水必须经过四五天的沉淀搁置。饲养偏酸性水质的鱼类，可以加入黑水或草泥丸，软化水质并趋于自然。饲养适碱性的非洲鱼类，应咨询一下原水族馆的水质配方。

每日一次用虹吸管吸去水族箱底的污物约1/10水量，水质较差或污染严重时可控制在1/8～1/6，然后轻轻兑入恒温的新水。缸内保持无粪便状态，不要只用过滤泵过滤代替吸污，因为单纯用过滤泵过滤代替吸污会使污物在水中溶失解体，表面上看起来水质澄清透明，其实已经老化。在密集饲养的缸体或饲养大型鱼的鱼缸中，热带鱼最易患烂皮、烂鳍之类的细菌性疾病。

除了生化过滤以保留滤材上的硝化细菌外，物理过滤泵应尽量做到使用一次清洗一次滤芯。净水药物可以较快地解决水质的混浊问题。药剂加入后水族箱中出现的絮状物沉淀应用吸管清除，但这种方法只能偶尔使用，以明矾为主的净水剂对鱼的鳃部有较大的刺激性，不要轻信某些瓶签的不实之词如“大量省水”“代替换水”等，吸污兑水应成为裸缸饲养者的一项有规律的操作行为。

裸缸中的发财鱼

经常吸污兑水，水质总体上可保持着新鲜良好的状态，全部换水、刷缸可以少很多。全部换水时，最好保留中上层1/3的老水，换入的2/3新水也应是搁置四五天后的。

喂食每日一次，上午7～8时进行。活饵以2～10分钟内吃完为好，人工饵料2分钟内吃完。应定时定量，如每日投喂两次，投喂时间为上午7～8时，下午2～3时，但投喂量应少得多。家庭养鱼，不必要求鱼儿迅速长大，喂至半饱即可。

室内缺乏自然光照，每日应辅以3～4小时的灯光照射。

裸缸的水容易白浊，其中的悬浮颗粒漂浮，看上去很不舒服，尽管经常“吸脚子”，还可能出现这种情况。除了过滤之外，冬季可将水族箱放于靠窗处，每天接受1～2小时的阳光照射，水中的藻类会大量生长，水会马上转清；但这里有个“度”，既要让缸中藻类大量繁殖，消耗“富营养”，又要控制缸水不可浓绿（尤其在春天），玻璃壁上产生的丝状藻也不可过多，如果多了，可用清洁球擦去。要保持缸中的水始终是透明的，几乎没有悬浮物，再加上经常喂些活饵，鱼的色彩也不错。

饲养三湖慈鲷的裸缸

也可以加入市售的净水剂（按说明添加）以清除

白浊。

因此，裸缸饲养的原则是吸污和过滤相结合。

## 66.水草缸饲养

缸内除上述设备外，还要铺设沙石，施以底肥，种植水草。缸内栽种的水草，符合鱼儿在野外的生活环境特征。水族箱中有了水草，才能形成良好的生态环境，污物沉入沙中，分解后的物质会被水草吸收，水质会保持澄清透明的状态。在具体的饲养方法上，一般的水草缸，只要不是采用硝化过滤的方法，每隔数天还是要吸去部分老水，兑入等量新水。因为栽种水草，水族箱的光照必须达到一定的强度，水草长得越好，鱼儿就越不易生病。

是采用裸缸饲养还是水草缸饲养，若采用水草缸饲养，用不用$CO_2$和硝化过滤等，这些在入门之前必须有个定位，因为这些与支出的多少有莫大的关系。

深邃的空间，繁茂的草甸

## 67.水草缸

水草缸就是单纯养水草的缸，听起来有点不可思议，但观赏的效果是十分令人震撼的——满满一缸水草，由前向后铺开，看不见底石，那油油的绿意和带给居室空间的勃勃生机无论如何也是一种享受。在柔和的灯光下，几株红色水草的装点，再放上数条红色的玫瑰灯和五彩的短鲷，高雅别致；敞开的底柜中放上几本养鱼书籍和一袋鱼食，这就是文化，就是美。

水草缸

## 68．“主题缸”

一缸放养几十尾或上百尾的某一品种，有其独特的清一色的观赏效果，且符合大部分鱼儿喜欢群泳的习性。例如雄的正三角灯鱼，喜欢竞相展示自己的鱼鳍；迷你灯鱼每个鱼鳍的尖端都闪耀着白色的光芒，在饲养数十尾的布满水草的水族箱中，只见许多小亮点在水中移动，特别是在繁殖期，全身闪烁着如硬币一样的光泽，而在混养的缸中，你很难看到这种令人震撼的效果，这种某一品种的单独饲养应和水草搭配。南美和东南亚风格的造景寻求的是一种热带雨林气氛，水草有层次的分布，沉木和林间湿地的感觉自然不可少。非洲大湖鱼类的饲养则是侧重山石，底沙和石洞是造景的主角，绿色似乎不是那么重要（可能的话还是要点缀几株大型水草或人工水草）。

有人把突出某种风格某一品种的单独饲养叫作“主题缸”，你不妨尝试一番。

清一色的玻璃水晶鱼

## 69.室外饲养

热带鱼的室外饲养，通常是商业性的。在室外的鱼池中，水体宽大，加之有充沛的活饵催饲，热带鱼会生长得较快，效益可观。室外饲养应满足温度这一条件，我国从南至北，气温差异很大，夏季有较长的室外放养期，气温较低时即应将鱼移入室内，或就着鱼池搭建保温的大棚。很多中大型鱼可直接在室外的鱼池中繁殖，许多小型鱼可以在室内的水族箱中繁殖（这样易于掌握水质），而当小鱼会游动后，再倒入室外池中喂养。

野生布隆迪

室外饲养应注意天气的骤变造成鱼的损失，还应防范猫、鼠、鸟的捕食。

## 70.饲养前的准备

饲养热带鱼前必须了解热带鱼的一些基本常识，如常见热带鱼的种类，容易饲养的品种，你准备饲养的品种，它们的习性和饲养方法，什么叫水质，可以到已经饲养热带鱼的朋友家去看看，听听他们的介绍，看看有关的资料，除了水族箱外，各种小型工具如吸水管、捞鱼网兜、水桶、过滤器、灯具等都必须准备好。

各种热带鱼书籍

## 71.和一家信誉好的水族馆打交道

购买热带鱼、水草等以及以后的饲养，都要跟店家打交道，要选择一家可信的水族馆。他们会真实而详尽地解答你的问题，他们会出售给你健康的鱼和经过沉水处理的水草，他们的售后服务将使你满意。水族馆的老板本身即应是行家，他们的回答应使你心悦诚服。

## 72.热带鱼的选购

首先应选择健康的鱼，健康的鱼体色艳丽、游动活泼，觅食迅速，眼睛亮而有神，背鳍高耸，身体上无任何缺损、血丝、絮状物等，反之则可能是病鱼。

其次不要购买刚刚到达转水的鱼，这些鱼经过旅途中的包装运输，拥挤缺氧，可能已处于一种半休克状态，到达目的地后又被放入一个新的水体中，由于水质差异的原因，身体可能已经受到伤害。这些鱼在水族馆至少要有一周的缓冲期，状态恢复正常后才可购买。你得多跑几次，仔细观察你要买的鱼，如果它们始终如一，健康活泼，即可购买。

要选择自己喜欢的品种，还要选择容易饲养的品种，选择文静的品种，如孔雀鱼、剑尾鱼、曼龙鱼、马甲鱼、小鼠鱼等。应从小鱼养起，小鱼尚未成年，寿命较长，饲养南美或非洲大型鱼，也应从数厘米的小型鱼养起；那些七彩鱼、异型鱼及不常见的鱼可能你很钟爱，但饲养起来有一定的挑战性，还是等积累一定经验后再买。饲养小鱼可用40厘米左右的小型缸或中等缸，大鱼用大型缸，而饲养耐缺氧的小斗鱼用盛水3～5升的迷你缸即可。

## 73.热带鱼的搭配混养

人们从求多求美的角度出发，常将不同的鱼进行混养，混养应注意以下几点：首先，大小悬殊的鱼不能混养，大鱼吃小鱼是一种普遍现象，即便不吃，对小鱼也有一种威慑作用，此时小鱼只好躲于一角，色彩不能显现，甚至吃不到食物；其次，适合不同水质的鱼不好

珍珠虎和皇冠六间混养

混养，譬如适酸性的灯鱼、短鲷，就不好和适碱性的非洲慈鲷一起养；再次，带有攻击的捕食性的皇冠三间、火口鱼、红魔鬼、猪八戒等鱼，不可与比它们小的鱼混养。

以下推荐几种混养模式（具体数量根据缸体大小确定）：

●孔雀、剑尾、玛丽、月光等鱼。

●孔雀、剑尾、蓝曼龙、虎皮等鱼。

●虎皮、斑马、彩虹鲨（或红尾黑鲨）、小鼠鱼等鱼。

●七彩、神仙、短鲷、小鼠鱼等鱼。

●地图、血鹦鹉、罗汉、泰国虎等鱼。

●红绿灯、头尾灯、红鼻剪刀、黑灯、红剑等鱼。

●皇冠六间、非洲凤凰、珍珠虎等鱼可混养，但应同等大小，不应有追咬现象。

## 74.热带鱼的携带和运输

运输热带鱼与热带鱼入缸，是饲养好热带鱼的第一步，也是非常重要的一环。在运输途中，由于缺氧或温度的变化，会造成鱼的抵抗力下降，引发疾病。同样，热带鱼入缸的方式不正确，水质的忽然变化，水温的差异，也会引起热带鱼疾病的发生。

从商店购买鱼时要注意，大多商店为了保持鱼的外观和每个水族箱的养鱼量，都采用高压增氧的方法，当热带鱼买回家后，放入自己家的水族箱，可能会产生缺氧现象。因此，刚购回的鱼，一定要打开增氧泵充氧2～3天，让鱼有个适应过程，以后可逐渐减少充氧时间。

将鱼袋浸入水中平衡温度

水族商店水族箱内的水温水质和自家水族箱内的水温水质可能不一致，加上路途中水温的上下变化，会引起鱼的感冒和体质下降。因此，当鱼购回后，不能直接放入自家水族箱内，应该把原来装鱼的盛器和鱼一起浮在水族箱中，当里外的水温达到一致时，打开塑料袋的口，使水族箱中的水慢慢地流入塑料袋中，让袋内外的水反复交融数次，让鱼慢慢地进入水族箱内。一般热带鱼在水温逐渐变化时，可适应温度范围在18～32℃，而在急速的温度变化时，特别是远程运带，适应温差只有上下1℃，超过温差的范围，鱼容易死亡。冬天在购鱼运输时，由于气候寒冷，外界的气温与运输用的盛器内的水温相差太大，运输过程中一定要在盛器的外围加一层保温装置，如塑料泡沫等，路程远的还可以用一个瓶子灌满热水，与装鱼的塑料袋一起放入泡沫箱中，这样保温3～4小时是没有问题的。再有就是商店的水族箱与自家的水族箱水质不一致，在购鱼时必须问清楚商店水族箱水质的pH值，便于调节自家水族箱水质，尽量与商店水族箱的水质保持一致。

对于刚购入的鱼，严谨的还需要对鱼体进行“药浴”处理，也就是将新购入的鱼放入盛有消毒药水的盆子中“浸浴”5～10分钟，防止新购入的鱼将疾病带入水族箱中。常用的消毒液有：原本用途为染剂的甲基蓝或孔雀石绿，具有优异氧化能力的高锰酸钾，有杀菌作用的食盐，或是抗生素类的四环素、氯霉素以及磺胺剂等。用于消毒药水的剂量与实际用于疾病治疗的剂量相比较，应控制在1/5左右。特别要注意的是对异型鱼、鼠鱼不能使用药物，这主要是异型鱼、鼠鱼多为野生品种，它们普遍对药物有过敏反应，唯一的办法是将水族箱中的水温提高到30℃，这样可以防止白点病等病原体，提高鱼的抵抗疾病的能力。

不过这一方法的应用要非常谨慎，因为经过远程运输，从袋中放出，再浸入药液中，这是非常危险的，因此这一过程可以省去，只是将鱼隔离饲养观察几天为宜。

## 75.热带鱼需要的营养

家养热带鱼的饲料都是由人供给，如果营养不能满足，就不容易养好鱼。热带鱼大部分是杂食性的，但不等于说什么饵料都能将鱼养好，充分的营养、均衡地摄入，有利于其生长发育；营养不良、缺乏将导致生长缓慢，发育不良，色彩不艳，抵抗力差。而且热带鱼各生长阶段需要的营养有所侧重，譬如幼鱼阶段对蛋白质、矿物质的需求量多

冷冻包装血虫

些，一般成鱼对脂肪和碳水化合物的消耗量大一些。

热带鱼所需的营养包括蛋白质、脂肪、矿物质、碳水化合物、维生素。提供这些营养，活饵最好，其次是优质的颗粒饲料。

## 76.活饵和颗粒饲料

热带鱼的饲料简单地分为两种：一种是植物性饲料，一种是肉食性饲料。从热带鱼的食性讲，大多数热带鱼是杂食性的。肉食性的热带鱼不是只食单一的饲料，因此在投喂肉食性饲料时也要投食一些植物性饲料；而以植物性饲料为主的热带鱼，也要不时地投喂一些肉食性的饲料，这样才能保持热带鱼的营养平衡。由于热带鱼的生活习性不同，有些热带鱼生活在水的底层，有的生活在水的中层，有的生活在水的上层，为了兼顾水族箱中的热带鱼都能够觅食到食物，在制作饲料时又有了上浮饲料、贴片饲料和下沉饲料。从使用上考虑，新鲜的饲料容易被鱼吸收，人工饲料易于储存，因此又有了活饲料、冰冻饲料和人工合成饲料。在使用饲料时不要局限于一种饲料，应各种饲料交叉使用，这样可以增加鱼的食欲，保持鱼的营养平衡。

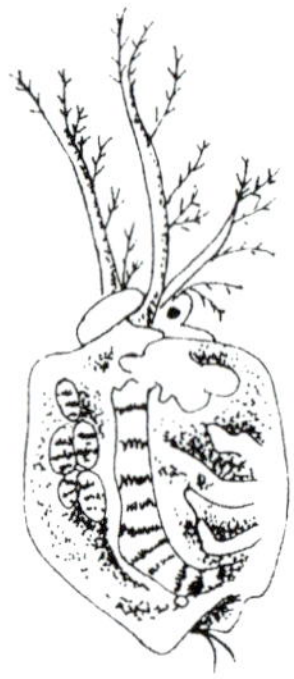

水蚤

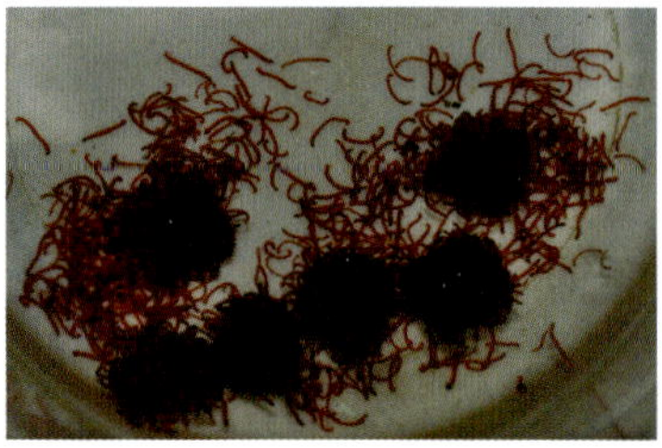

红血虫

（1）活饵。活饲料分两种，一种来自江河湖泊中，一种是人工繁殖的。活饲料营养价值很高，容易被吸收，同时也可增强鱼的活力，符合观赏鱼的自然摄食的生活方式，缺点是不易长时间保存。另外，自然界的活饲料常常夹带有寄生虫和细菌，如消毒不彻底，很容易感染整个水族箱中的鱼。

活饵的种类有水蚤、红血虫、丝蚯蚓、丰年虫、草履虫等。

①水蚤：是水中的浮游生物，常生活在江河、湖泊的阴影处，是小型鱼的理想饲料。水蚤在夏天较多，但由于水蚤常生活在污染的环境中，带有寄生虫或有害细菌，因此，使用水蚤投喂热带鱼前一定要用流水冲洗。

②红血虫：是摇蚊的幼虫，通体血红色，含有极丰富的蛋白质，是所有活饵饵

料中营养价值最高的饲料。红血虫来自稻田或流动的水中，比丝蚯蚓含有寄生虫和有害细菌的概率要低，但缺点是不容易储存，尤其是夏天气温高于30℃就会死亡。在夏天，可以将红血虫放在含水分的毛巾上，放入冷藏室，一般可以存活3～4天。红血虫属于高蛋白的饲料，死掉的红血虫千万不要喂给热带鱼，以免引起消化道疾病。

丰年虾成体

红血虫的消毒非常简单，先将买来的红血虫用水泡10～20分钟，然后用水清洗到水清亮了，再往水里放点高锰酸钾。高锰酸钾浓度不能过大，淡紫色就行，浸泡时间以10～20分钟为宜，然后冲洗干净，直到水没有颜色为止。

**③丝蚯蚓：**也叫红蚯蚓，属于高蛋白的饲料，常生活在河流、湖岸的淤泥中。市场上出售的丝蚯蚓多取自被污染的水域，因此，在投喂丝蚯蚓前必须用高锰酸钾进行消毒。不主张喂食小型鱼类，因为小型鱼类自身的免疫能力比较差，多用来投喂中等以上的鱼。在投饲前必须用清水饲养1～2天，使蚯蚓肚子中的泥沙排泄完。

**④丰年虾：**甲壳类，也叫卤虫，卵壳非常坚韧，卵只要经过干燥，即可长期保存。

丰年虾营养丰富，含有较高蛋白质和脂肪。丰年虾蛋白质的含量占体重的60%，脂肪占体重的20%，其他矿物质、维生素、碳水化合物占20%。丰年虾具有生长快、生活周期短、分布广、适应能力强、容易培养等优点，尤其是其休眠卵可长期保存和长距离运输。所以，近几年来在海、淡水苗种生产中得到了广泛的应用。

草履虫示意图

冰冻丰年虾一板有数十粒，使用非常简单，只要剪一粒投入水中即可。丰年虾的成年个体在1厘米左右，没有外壳，虾体柔软，对于大型鱼孵化的小鱼，丰年虾可以直接投喂。

冷冻的血虫

**⑤丰年虾卵：**丰年虾卵的孵化相当简单，水温25～30℃，盐度10%～30%，pH值8～9，在充气的条件下，经过24～48小时就会孵化出丰年虾的无节幼虫。无节幼虫具有很高的营养，适口性也好，是喂食幼鱼的最好饲料。

人工孵化的丰年虾一般20小时左右消化系统就会成熟，因此饲养丰年虾可在孵化20小时后投喂蛋黄、干酵母粉，在适宜条件下，经13～15天即可达到成体。

⑥黄粉虫：又名面包虫，长2～3厘米，头部有黑褐色硬壳，市场有活体供应，用于投喂中大型鱼。

⑦孑孓：蚊的幼虫，常活动于水的上层，遇惊快速遁入水底，生于污水中。

⑧草履虫：原虫的一种，单细胞动物。多进行人工培养，是繁殖稚鱼必不可少的饲料。

⑨鱼虾：小杂鱼、小虾、淘汰的劣质金鱼，用以投喂较大的热带鱼。

（2）人工加工饵料：有冷冻饵料和干燥饵料。

①冷冻红血虫：营养价值很高，是由活饵直接冷冻而成。由于是超低温冷冻，活体中可能存在的寄生虫或有害细菌都基本被杀灭。

②冷冻丰年虾：冷冻丰年虾有成虾和虾苗两种。冷冻丰年成虾的营养价值较低，但鱼儿爱吃，可与其他饲料混合喂食。冷冻丰年虾苗价位高，但营养价值尚可，若不方便自己孵化丰年虾来喂食仔鱼，可暂用冷冻丰年虾苗代替。

③干燥红血虫：利用风干技术将红血虫干燥保存。干燥红血虫不会带寄生虫，较冷冻生饵安全，但鱼不太爱吃。

④干燥丰年虾：是经过高温杀菌、干燥处理的饲料，含有丰富的胡萝卜素、蛋白质、脂肪、粗纤维，是饲养坦鲷鱼和鼠鱼使用的最多的饲料。

（3）人工合成饵料：是现今水族箱饲养最值得推荐的饵料，不但经济、省力，而且安全、卫生，更可提供全面的营养。人工饵料最好多种搭配喂食，以提供均衡的营养成分。

①成长薄片饵料：薄片状的饵料由一二十种不同原料制成，高含量的蛋白质极易被鱼类吸收，可促进鱼类健康、迅速地成长。

②增艳薄片饵料：可促进鱼类增加自然的艳丽色彩。

③高蛋白饵料：成分中添加碘质、海藻、糠虾、丰年虾以及一些浮游生物，适合大型慈鲷鱼科热带鱼以及海水鱼中的蝶鱼、神仙鱼食用。

④蔬菜薄片饵料：是所有草食性鱼类适合的植物性饵料。

⑤鱼苗饵料：粉末状的饵料，适宜刚孵化的鱼苗食用。

⑥维生素剂：是生命体不可缺少的元素，热带鱼的人工饲养环境与原来的生存环境发生了变化，尤其是光照，体内自身维生素的合成力会减弱，因此需要补充维生素。

（4）植物性饵料：植物性饵料除了满足一般热带鱼的维生素供给外，主要是喂食植物性热带鱼，如大多的异型鱼和马拉维湖慈鲷鱼中的孔雀类的鱼种。常用的植物性饲料有青菜、卷心菜、大白菜、菠菜、黄瓜等。

## 77.活饵的培养

①水蚤的培养：在闲置的鱼池或敞口盆器中进行，注水七八成，加入0.3%有机肥，5%的肥沃土壤，0.4%切碎的菜叶或嫩草及切碎的稻草。三天后藻类原生动物滋生，接种少量活水蚤；草类、秸秆不要漂浮水面，以免水中缺氧水蚤不能生存；水质不可太瘦太寡（有机物不足），不可太浓（乃至发黑发臭），水温适宜。溶氧充足，水蚤可大量繁殖，当清晨水面布满时，便可捞取。数天后添加少量有机质。

②红血虫的培养：在废旧鱼池中存入3～4厘米深的水，鱼池的污水最好，如果是清水则需加入一定量的有机物。如在长桶中培养，应将其倾斜10° 放置，加入5升含有机物的水及微量泥土放于室外，数天后便可见由摇蚊卵孵化的幼虫。这些幼虫每一条钻于一团泥污中，在缺氧的清晨，常见大量的幼虫爬上缸沿或盆的斜坡上，这时可用抄网捞取，冲洗后直接投喂成鱼。

红血虫在20～24℃的水温中生长最快，捞取后每隔数天向水中加入少量有机物，如残羹、粪肥、菜叶等。

## 78.活饵的保存

活饵的保存：一是及时保存，不可变质，当外界气温较高时，活饵死亡后变质很快，尽量在其未死亡时放入冷冻室内。二是分成小块冷冻，若保存块头过大，需要时难以敲开；可用小格或小袋将活饵分为10～15克一份较为适宜，需要时取出一袋，升温溶化后投喂。

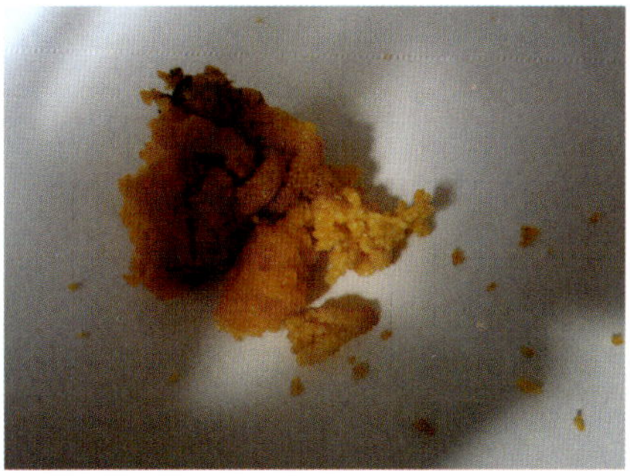

煮熟的食用鱼卵（不含油）

## 79.颗粒饲料质量的鉴别

颗粒饲料由鱼虾粉、骨粉、蚕蛹粉、豆粕、麦粉、玉米粉、酵母菌、维生素等混合制成，其中最重要的是蛋白质（前三种）的添加量。优质的颗粒饲料有鱼虾腥味，质酥松；劣质的颗粒饲料质紧，手捻也不能散开（蛋白质少、基本为粮食做成）。要购买具有注册品牌的信誉产品，市场上那些成杯出售的最好不要买。

## 80.投喂注意事项

天然饵料的营养丰富，热带鱼容易接受，缺点是这些饵料都取之于河流湖泊的浅水污泥中，常带有有害的细菌，在喂食热带鱼时需要用流水或高锰酸钾进行消毒处理，高锰酸钾的浓度为每500毫升水加0.01克，漂洗3分钟左右；人工饵料的优点是喂食方便，营养与自然饵料接近，其中不接受人工颗粒饵料的热带鱼，可以采取“饥饿进食法”，一般的热带鱼在饥饿2～3天后，会习惯吃此类饲料。

热带鱼放入水族箱后，为让鱼有一个适应新环境的过程，应停止喂食1～2天。因为当鱼进入到一个新的环境中，难免会有紧张的感觉，而紧张往往会造成生理紊乱，影响消化功能；再者，鱼在微饥饿状态下，生理各功能都处在安全的运动状态，更容易适应环境的变化，待整个鱼体的生理状态与新的环境协调后，再逐渐增加鱼的饵料。对于混养的热带鱼，有的活动在水的上层，有的在中层，有些则在下层，所放的饵料应在三层鱼都能吃到的地方，在放饵料时可以均匀地撒在水面上，使所有的鱼都能吃到。在喂食热带鱼时要遵循“宁少勿多”的原则，热带鱼喂食一般一天一次，每次的喂食量控制在5分钟内吃完为止。喂食应专人进行，家人不可只顾好玩，各行其是，喂了互相都不知道，这样易造成不良后果。

为了保持热带鱼野生的习性，增加鱼的活动量，保持鱼的体形，一周至少停喂一天。

黑嘴鱼吃血虫

## 81.怎样为热带鱼增色

让热带鱼色彩艳丽、不褪色、不黯淡，应注意以下几个方面：水质良好，“三度”适宜（温度、酸碱度、硬度）；尽量投喂活饵，选择优质人工饵料，其中尤其不应缺乏β类胡萝卜素；适应水草的鱼类应栽种水草，尽量不要裸缸饲养；温和胆小的鱼不要和大鱼、凶恶的肉食性鱼类混养在一起；增强体质，不让鱼儿生病；爱群泳的鱼不要孤单失群饲养；头尾灯鱼、黑灯鱼、红肚铅笔鱼、虎皮鱼等大部分热带鱼夜间色彩变淡是动物的保护色，应视为正常。

食用增艳饲料的红月光鱼

## 82.怎样防范藻类的过量滋生蔓延

藻类是低等植物，水中永远有藻类，大部分水藻肉眼不能看见。水族箱中的水藻有益者和有害者共生，即使是有益者，若其大量滋生引起水质混浊，玻璃起“毛”，则未必有益。这里仍有一个平衡的问题，饲养者平时应将水质控制在不寡不肥的基础上，水中既要有有机质，含量又不可过高；水不可太“净”，“水至清则无鱼”，又不可太脏。各种丝状藻类（通称青苔）、小球藻、螺旋藻等有益藻类，不但可以成为热带鱼的辅助饲料，而且对净化水质也有一定的作用，但如果水质混浊、清晰度降低、玻璃起“毛”，甚至水草的茎叶上都长满水藻如毛制一般而失去“本来面目”，则应视为不正常，而且水中过多的有机物不是只靠藻类才能吸收的。

防范、清除藻类的措施：适时换兑水；让水草生长密集，抑制藻害，犹如庄稼生长茂盛密集，杂草被抑制的道理一样；不要让阳光长时间照射水族箱，控制灯照时间，降低功率；不过量投喂，控制水质的富营养化；混养爱吃

藻类过旺——看不清绿水中的银玛丽鱼

藻类的吸盘鱼（清道夫）、金鼠、黑玛丽鱼等；谨慎使用除苔剂。已经产生藻害的水族箱一是换水，二是擦缸及洗刷缸内石块、泵器等。对于水草上的污垢和藻丝，可将其拔出，用牙刷平刷后过水，重新栽种，基本如新。

水藻主要是预防，消灭它非常困难，大剂量使用药物可杀灭藻类，但水草也会遭致灭顶之灾。

## 83.稚鱼的“开口”饲料有哪些

①“灰水”：灰水是浮游动物的总称，包括草履虫、轮虫、变形虫等，通过显微镜清晰可见虫体在水中的运动。优质灰水表面呈灰白色膜状（虫体的堆积），用400目*密网捞取。

②蛋黄液：将煮熟蛋黄1克用纱布或手帕包好，在100克净水中挤压，直至压尽，扔去废渣，将蛋黄液均匀倒至稚鱼密集处，可喂稚鱼150条。

③丰年虫：将培养成功的丰年虫幼体，用150目网兜捞取投喂。

④鱼虫：在稚鱼缸中早3～4天放入微量水蚤，既可清理水中的污垢，其产下的幼蚤又可作为稚鱼的饲料。但水蚤数量应严格控制（数量大致和稚鱼的数量持平），过多则可能造成对稚鱼的伤害。

⑤稚鱼人工饵料：市场有售，投喂后应仔细观察觅食情况，若不肯接受，改用其他饵料。

## 84.怎样投喂稚鱼

一是要选择优质的稚鱼饵料；二是要掌握好量，过少，稚鱼吃不饱，还可能饿死，过多则会污染水质。是否吃饱，主要观察鱼腹，若腹部鼓起，游动安详，说明稚鱼已吃饱；若腹部不鼓，稚鱼游动急切，或沉于水底，则说明稚鱼处于饥饿状态。在稚鱼中，以慈鲷鱼的食量最大，小红虫、捻碎的鸡蛋白、山芋块，几乎来者不拒，它们虽然食量大，但粪便相对较少，可能是吸收的原因。

---

*：目是非法定计量单位，为每平方英寸上的孔数。

## 85.热带鱼的寿命有多长

一般小型的孔雀鱼、剑尾鱼、灯鱼寿命为2～3年，大一点的曼龙鱼、珍珠马甲鱼、接吻鱼寿命为4～5年，地图鱼寿命为7～8年，龙鱼寿命最长，野外能活近100年，鱼缸里也可活几十年。鱼类的寿命大约是它发育年龄的8倍，如红绿灯鱼3个月性成熟，寿命约为24个月。七彩鱼10个月性成熟，寿命约为8年。龙鱼5～7年性成熟，可是鱼中之寿星，鱼类的实际年龄还与饲养条件、环境、疾病等因素有关，无绝对之说法。

银龙

# 三、热带鱼图鉴及饲养要略

## 86．花鳉科热带鱼的饲养

花鳉科热带鱼是适应能力最强、最容易饲养的品种，也是适合初学者的入门品种。本科鱼品种不是很多，但观赏价值相当高。其中，孔雀鱼在中外饲养的历史最为悠久，其丰富的色彩，多姿的尾形，活泼的身姿，让人羡慕不已。月光鱼、剑尾鱼也有很多变异品种。本科鱼适宜中性、弱碱性水质，对水质的耐受范围广，剑尾鱼、孔雀鱼、食蚊鱼是耐低温的品种。

本科鱼体型小巧、头扁、口内有齿，属杂食性鱼类，小型鱼虫、人工饵料都喜摄食，尤其喜食植物性饵料。它们经常啃食玻璃上的青苔，对清除藻类和鱼缸的清洁有一定的作用。它们性情温和，是混养的好品种。

### ①孔雀鱼（百万鱼）

原　　产　　地：中美洲
体　　　　　长：3～5厘米
习　　　　　性：温和活泼
水　　　　　质：中性或弱碱性
饲养难易程度：易

### ②剑尾鱼

原　　产　　地：墨西哥
体　　　　　长：7～8厘米
习　　　　　性：温和活泼
水　　　　　质：中性或弱碱性
饲养难易程度：易

### ③黑球玛丽

| | |
|---|---|
| 原　产　地： | 中美洲 |
| 体　　　长： | 2.5～3.5厘米 |
| 习　　　性： | 温和胆小 |
| 水　　　质： | 中性或弱碱性 |
| 饲养难易程度： | 易 |

### ④银玛丽鱼

| | |
|---|---|
| 原　产　地： | 中南美洲 |
| 体　　　长： | 8～10厘米 |
| 习　　　性： | 温和，偶尔欺负弱小 |
| 水　　　质： | 中性或弱碱性 |
| 饲养难易程度： | 易 |

### ⑤食蚊鱼

| | |
|---|---|
| 原　产　地： | 中美洲 |
| 体　　　长： | 3～4厘米 |
| 习　　　性： | 欺小之癖 |
| 水　　　质： | 中性 |
| 饲养难易程度： | 易 |

我国1935年引入，在肯定其食蚊作用的同时，近来争论较多，部分人认为食蚊鱼在大自然中会咬死其他幼小鱼类，造成生态灾难。

### ⑥月光鱼（月鱼、牡丹鱼）

| | |
|---|---|
| 原　产　地： | 中美洲 |
| 体　　　长： | 2.5～3厘米 |
| 习　　　性： | 温和胆小 |
| 水　　　质： | 中性 |
| 饲养难易程度： | 易 |

## 87.鲤科热带鱼的饲养

鲤科热带鱼在东南亚及我国广为分布，像我国的金丝鱼、彩色鳑鲏等即为鲤科鱼，野外还偶见红鲫鱼，我国的金鱼也是由2000多年前的红鲫鱼经人工家养驯化而成，它们都是鲤科鱼。

鲤科热带鱼比较好养，对水质没有特别的要求，中性或弱酸性软水都可适应。它们喜欢生活在多水草的领域，口内无齿，食性广杂，游动迅速，欺小，喜集群，色彩艳丽。与脂鲤科的灯鱼相比，它们的色彩并不逊色，甚至会让你百看不厌。

它们大多性情温和，虎皮鱼虽会啄食其他鱼的鱼鳞，红尾黑鲨、彩虹鲨虽有地域观念，但只要水族箱不是太小，构成的威胁亦不是太大。

### ①斑马鱼（蓝条鱼、花条鱼、印度鱼）

原　　产　　地：南亚

体　　　　　长：5～6厘米

习　　　　　性：活泼好动

水　　　　　质：中性

饲养难易程度：易

### ②玫瑰鲫

原　　产　　地：东南亚

体　　　　　长：约4厘米

习　　　　　性：温和

水　　　　　质：弱酸性至中性

饲养难易程度：易

### ③红玫瑰

| | |
|---|---|
| 原　产　地： | 斯里兰卡 |
| 体　　　长： | 约4厘米 |
| 习　　　性： | 温和胆小 |
| 水　　　质： | 弱酸性至中性 |
| 饲养难易程度： | 易 |

### ④三角灯（三角鱼、蓝三角鱼）

| | |
|---|---|
| 原　产　地： | 东南亚 |
| 体　　　长： | 4～5厘米 |
| 习　　　性： | 温和 |
| 水　　　质： | 弱酸性至中性 |
| 饲养难易程度： | 易 |

### ⑤金丝鱼（白云山鱼、唐鱼、白云金丝鱼）

| | |
|---|---|
| 原　产　地： | 中国广东 |
| 体　　　长： | 约3厘米 |
| 习　　　性： | 温和胆小 |
| 水　　　质： | 中性 |
| 饲养难易程度： | 易 |

### ⑥虎皮鱼（四间鱼、条纹鲃鱼）

| | |
|---|---|
| 原　产　地： | 印度、马来西亚 |
| 体　　　长： | 5～6厘米 |
| 习　　　性： | 活泼好动，偶欺弱小 |
| 水　　　质： | 弱酸性至中性 |
| 饲养难易程度： | 易 |

## ⑦红鳍鲨（彩虹鲨）

原　产　地：泰国

体　　　长：约12厘米

习　　　性：欺负弱小

水　　　质：中性

饲养难易程度：易

## ⑧红尾黑鲨（红尾蓝鲨）

原　产　地：东南亚

体　　　长：约12厘米

习　　　性：欺负弱小

水　　　质：中性

饲养难易程度：易

## ⑨三间鼠鱼

原　产　地：印度尼西亚

体　　　长：约30厘米

习　　　性：活泼好动

水　　　质：弱酸性至中性

饲养难易程度：易

## ⑩一眉道人

原　产　地：印度

体　　　长：7～8厘米

习　　　性：温和

水　　　质：弱酸性软水

饲养难易程度：中

⑪银鲨

| | |
|---|---|
| 原　产　地： | 东南亚 |
| 体　　　长： | 10～12厘米 |
| 习　　　性： | 欺负弱小 |
| 水　　　质： | 中性 |
| 饲养难易程度： | 易 |

注：图中中间位置的鱼为银鲨。

## 88.脂鲤科热带鱼的饲养

本科热带鱼适宜弱酸性软水，水温24～26℃，虽然有时偏中性水质也能活下去，但多半色彩不艳。在水草缸中养好这种鱼，要竭力营造这种合适的水环境，定期测试水质，根据需要调整。若水质不符，针对性地加入市售的pH调节剂外，安放沉木、加入草泥丸或黑水都是不错的选择；脂鲤科热带鱼不需要较强的光线，密植的水草对光线的调节起着至关重要的作用。

小型鱼的口小，小型活饵、小颗粒的饵料都是比较适宜的。小型鱼就那么大，大多不会再长了，因此不要投喂过多饵料，每日1～2次，不剩余即可，并注意投喂切得极细的菜叶。

本科鱼中比较好养的有黑裙、头尾灯、红旗、红目、金十字、红灯管、银鲳等。比较难养的有红莲灯、红鼻剪刀、黄刚果（非洲的脂鲤）、胸斧鱼等。

①红绿灯（日光灯、霓虹灯）

| | |
|---|---|
| 原　产　地： | 亚马孙河上游 |
| 体　　　长： | 3～4厘米 |
| 习　　　性： | 温和胆怯 |
| 水　　　质： | 弱酸性软水 |
| 饲养难易程度： | 易 |

## ②宝莲灯（新红莲灯）

原　　产　　地：亚马孙河流域

体　　　　　长：3～4厘米

习　　　　　性：温和胆怯

水　　　　　质：弱酸性软水

饲养难易程度：中

## ③黑裙（团鱼、黑蝴蝶鱼、半身黑鱼）

原　　产　　地：亚马孙河流域

体　　　　　长：4～5厘米

习　　　　　性：温和活泼

水　　　　　质：弱酸性至中性

饲养难易程度：易

## ④头尾灯

原　　产　　地：玻利维亚、圭亚那

体　　　　　长：4～5厘米

习　　　　　性：温和

水　　　　　质：弱酸性软水

饲养难易程度：易

## ⑤黑日光灯（黑灯鱼）

原　　产　　地：巴西

体　　　　　长：3～4厘米

习　　　　　性：温和善良

水　　　　　质：弱酸性软水

饲养难易程度：易

### ⑥红旗鱼（红扯旗、玫瑰扯旗）

原　　产　　地：巴拉圭
体　　　　　长：4～5厘米
习　　　　　性：活泼，偶尔会捉弄同伴
水　　　　　质：弱酸性至中性
饲养难易程度：易

### ⑦玫瑰灯（玫瑰旗）

原　　产　　地：圭亚那
体　　　　　长：4～5厘米
习　　　　　性：温和
水　　　　　质：弱酸性至中性
饲养难易程度：易

### ⑧金银灯（银钻灯）

原　　产　　地：巴拉圭
体　　　　　长：约8厘米
习　　　　　性：温和善良
水　　　　　质：中性
饲养难易程度：易

### ⑨食人鲳（水虎鱼、食人鱼）

原　　产　　地：亚马孙河流域
体　　　　　长：约18厘米
习　　　　　性：凶残
水　　　　　质：中性
饲养难易程度：食人鲳在我国不得销售、饲养

### ⑩ 玻璃水晶鱼（红尾玻璃鱼、玻璃红翅鱼）

| | |
|---|---|
| 原　　产　　地： | 马德拉河流域 |
| 体　　　　　长： | 4～5厘米 |
| 习　　　　　性： | 温和 |
| 水　　　　　质： | 弱酸性软水 |
| 饲养难易程度： | 易 |

### ⑪ 红灯管（红光管）

| | |
|---|---|
| 原　　产　　地： | 埃塞圭河流域 |
| 体　　　　　长： | 约3厘米 |
| 习　　　　　性： | 温和胆小 |
| 水　　　　　质： | 弱酸性软水 |
| 饲养难易程度： | 易 |

### ⑫ 拐杖鱼（斜形鱼、企鹅鱼、黑白企鹅鱼）

| | |
|---|---|
| 原　　产　　地： | 巴西、秘鲁 |
| 体　　　　　长： | 约5厘米 |
| 习　　　　　性： | 略显粗暴 |
| 水　　　　　质： | 弱酸性软水 |
| 饲养难易程度： | 易 |

### ⑬ 刚果美人（刚果扯旗鱼、黄刚果、刚果鱼）

| | |
|---|---|
| 原　　产　　地： | 非洲斯坦莱峰水域 |
| 体　　　　　长： | 8～10厘米 |
| 习　　　　　性： | 温和 |
| 水　　　　　质： | 中性略硬 |
| 饲养难易程度： | 较难 |

### ⑭网纹鱼（牛奶灯鱼、网球鱼）

| | |
|---|---|
| 原产地： | 亚马孙河上游 |
| 体长： | 5～6厘米 |
| 习性： | 温和 |
| 水质： | 弱酸性软水 |
| 饲养难易程度： | 中 |

### ⑮短嘴皇冠六间

| | |
|---|---|
| 原产地： | 非洲刚果河、安哥拉 |
| 体长： | 约45厘米 |
| 习性： | 凶猛、长寿 |
| 水质： | 中性 |
| 饲养难易程度： | 易 |

### ⑯飞凤鱼（美国旗鱼、旗鱼）

| | |
|---|---|
| 原产地： | 美国佛罗里达州 |
| 体长： | 约40厘米 |
| 习性： | 温和，素食为主 |
| 水质： | 中性 |
| 饲养难易程度： | 易 |

### ⑰尖嘴铅笔鱼

| | |
|---|---|
| 原产地： | 哥伦比亚、圭亚那 |
| 体长： | 约5厘米 |
| 习性： | 温和 |
| 水质： | 弱酸性 |
| 饲养难易程度： | 易 |

## ⑱ 小型红铅笔鱼

| | |
|---|---|
| 原　　产　　地： | 圭亚那 |
| 体　　　　　长： | 约4厘米 |
| 习　　　　　性： | 温和 |
| 水　　　　　质： | 中性 |
| 饲养难易程度： | 易 |

## ⑲ 高帆银旗（红擦）

| | |
|---|---|
| 原　　产　　地： | 亚马孙河流域 |
| 体　　　　　长： | 约4厘米 |
| 习　　　　　性： | 温和 |
| 水　　　　　质： | 弱酸性 |
| 饲养难易程度： | 易 |

## ⑳ 迷你灯

| | |
|---|---|
| 原　　产　　地： | 巴西 |
| 体　　　　　长： | 约5厘米 |
| 习　　　　　性： | 温和活泼 |
| 水　　　　　质： | 弱酸性至中性 |
| 饲养难易程度： | 易 |

## ㉑ 黑钩（黑旗、黑幻象旗）

| | |
|---|---|
| 原　　产　　地： | 巴西藩河水域 |
| 体　　　　　长： | 约4.5厘米 |
| 习　　　　　性： | 温和活泼 |
| 水　　　　　质： | 弱酸性至中性 |
| 饲养难易程度： | 易 |

## ㉒金十字（红十字）

原　　产　　地：阿根廷
体　　　　　长：6～7厘米
习　　　　　性：略显凶暴
水　　　　　质：中性
饲养难易程度：易

## ㉓红鼻剪刀

原　　产　　地：哥伦比亚、巴西
体　　　　　长：4～5厘米
习　　　　　性：温和
水　　　　　质：弱酸性软水
饲养难易程度：中

## ㉔红裙（火焰灯）

原　　产　　地：亚马孙河上游
体　　　　　长：约4厘米
习　　　　　性：温和
水　　　　　质：弱酸性至中性
饲养难易程度：易

## ㉕红印

原　　产　　地：亚马孙河上游
体　　　　　长：约6厘米
习　　　　　性：温和活泼
水　　　　　质：弱酸性软水
饲养难易程度：易

## ㉖黄扯旗鱼（玻璃旗）

| | |
|---|---|
| 原　产　地： | 委内瑞拉、圭亚那 |
| 体　　　长： | 4～5厘米 |
| 习　　　性： | 温和 |
| 水　　　质： | 弱酸性软水 |
| 饲养难易程度： | 易 |

## ㉗蓝燕子灯（蓝刚果）

| | |
|---|---|
| 原　产　地： | 秘鲁 |
| 体　　　长： | 约5厘米 |
| 习　　　性： | 温和胆小 |
| 水　　　质： | 中性 |
| 饲养难易程度： | 易 |

## ㉘帝王灯

| | |
|---|---|
| 原　产　地： | 哥伦比亚 |
| 体　　　长： | 约5厘米 |
| 习　　　性： | 温和活泼 |
| 水　　　质： | 弱酸性软水 |
| 饲养难易程度： | 易 |

## ㉙银鲳（银板鱼、银盘鱼）

| | |
|---|---|
| 原　产　地： | 亚马孙河流域 |
| 体　　　长： | 约15厘米 |
| 习　　　性： | 温和 |
| 水　　　质： | 弱酸性至中性 |
| 饲养难易程度： | 易 |

### ㉚喷点燕子

| | |
|---|---|
| 原产地： | 苏里南 |
| 体长： | 约5厘米 |
| 习性： | 温和善跳 |
| 水质： | 弱酸性软水 |
| 饲养难易程度： | 中 |

### ㉛银屏灯鱼（红目）

| | |
|---|---|
| 原产地： | 巴拉圭、玻利维亚 |
| 体长： | 约4厘米 |
| 习性： | 温和 |
| 水质： | 弱酸性至中性 |
| 饲养难易程度： | 易 |

### ㉜三点灯鱼

| | |
|---|---|
| 原产地： | 巴拉圭、巴西 |
| 体长： | 约3厘米 |
| 习性： | 温和活泼 |
| 水质： | 弱酸性软水 |
| 饲养难易程度： | 易 |

### ㉝彩裙（黑裙变异品种）

| | |
|---|---|
| 原产地： | 亚马孙河流域 |
| 体长： | 4～5厘米 |
| 习性： | 温和活泼 |
| 水质： | 弱酸性至中性 |
| 饲养难易程度： | 易 |

### ㉞美国九间（野兔鱼、带纹鱼、九间鲨）

| | |
|---|---|
| 原　　产　　地： | 亚马孙平原北部 |
| 体　　　　　长： | 约20厘米 |
| 习　　　　　性： | 种内常咬斗，性暴烈，游速快 |
| 水　　　　　质： | 中性偏软水 |
| 饲养难易程度： | 易 |

### ㉟柠檬灯

| | |
|---|---|
| 原　　产　　地： | 亚马孙河中游水域 |
| 体　　　　　长： | 约4.5厘米 |
| 习　　　　　性： | 温驯 |
| 水　　　　　质： | 弱酸性至中性 |
| 饲养难易程度： | 易 |

### ㊱火箭

| | |
|---|---|
| 原　　产　　地： | 亚马孙河流域 |
| 体　　　　　长： | 约15厘米 |
| 习　　　　　性： | 文静 |
| 水　　　　　质： | 弱酸性软水 |
| 饲养难易程度： | 易 |

## 89.鳉鱼的饲养

俗称的鳉鱼并不是分类学上的一个名词，它是银汉鱼总目中的一个家族，它包括卵生鳉鱼和前面我们已经介绍的卵胎生鳉鱼。

鳉鱼多生活在南北美洲及非洲的沼泽溪流中，亚欧也有少量分布。小溪流易干涸的因素会造成许多地理上的隔绝，沧海桑田，于是产生出不同的种属。

鳉鱼又分为一年生鳉鱼和非一年生鳉鱼，它们体态娇小玲珑，雄鱼好斗，花纹浓艳，特别漂亮，雌鱼一般朴实无华。大多数鳉鱼适宜中性或弱酸性的稳定而洁净的水质，只有东非的坦噶尼喀湖的鳉鱼需要pH值7～8.5的水质。

鳉鱼适温22～25℃，主要吃活饵，有一定的饲养难度。

## ①漂亮宝贝（火麒麟）

| | |
|---|---|
| 原产地： | 东非溪流 |
| 体长： | 约6厘米 |
| 习性： | 温和活泼 |
| 水质： | 弱酸性至中性 |
| 饲养难易程度： | 难 |

## ②黑珍珠鳉

| | |
|---|---|
| 原产地： | 阿根廷 |
| 体长： | 约5厘米 |
| 习性： | 有攻击性 |
| 水质： | 弱酸性软水 |
| 饲养难易程度： | 难 |

## ③圆尾鳉鱼

| | |
|---|---|
| 原产地： | 坦桑尼亚 |
| 体长： | 5～6厘米 |
| 习性： | 略有攻击性 |
| 水质： | 弱酸性软水 |
| 饲养难易程度： | 较难 |

### ④黄金鳉（黄龙、潜水艇）

| | |
|---|---|
| 原产地： | 南亚地区 |
| 体长： | 6～7厘米 |
| 习性： | 活泼善跳 |
| 水质： | 弱酸性软水 |
| 饲养难易程度： | 较难 |

## 90.丽鱼（慈鲷）的饲养

美洲中大型慈鲷体格强健，比较好养，它们对水质没有什么要求，中性即可，它们的食性杂，食量大，爱吃小鱼。在排泄物较多的情况下，水质调理要相对较勤，否则发生皮肤病是不可避免的。美洲大型慈鲷的幼鱼体色都比较暗，也就是说发色比较迟，到长大成型后各自的色彩才显现出来，而且雄鱼的头顶会渐渐隆起，有的形成高高的肉瘤，显得威严雄壮，充满霸气。

南美小型慈鲷如各种短鲷、神仙七彩相对就比较“娇”，胆很小，饲养和管理相对要精细得多，最适宜的水质为弱酸性或中性，既要注意水质的稳定，又要严格控制水中氨氮的含量，环境要“静”，水要“净”，在饵料上自然倍加照顾为好。

三湖慈鲷的饲养是另一种概念，它们需要弱碱性、较高硬度的水，好在现在水质测试、调节试剂不少，这样的水质一开始配制不成问题，但随着饲养水质的污染酸化和换水的增加，酸碱度和硬度会降低，所以应经常测试调配，及时添加提高pH值和硬度的试剂。如$NaHCO_3$、$MgSO_4$等。底沙以珊瑚沙为最好，对于稳定硬度是有好处的。三湖慈鲷经若干代的人工饲养，对水质已经有了一定的适应性，不少品种水中性加微量食盐也可养得很好，购买时可向水族馆咨询一下。

三湖慈鲷也是一些“爱干净”的鱼，要经常给它们“打扫”“室内”的卫生，及时清理粪便，控制水中有害物质的含量，采用硝化过滤比物理过滤好。它们还是爱打架的鱼，在三四厘米时，它们已经追咬打斗不息，弱小的一方常被赶至一角或受伤而死。

三湖慈鲷食量大、生长快，很贪吃，要严格控制喂食量，每天吃个半饱即可；饵料也不可单一，质量差的人工饵料，脂肪的转换率高，会造成脂肪肝、腹水，死亡率较高，考虑到健康和色彩方面的需要，既要经常喂一些高蛋白的活饵，如红血虫、红虫为好，也要添加素菜和维生素类饵料。

## ①蓝宝石鱼（狮子头鱼）

| | |
|---|---|
| 原　　产　　地： | 圭亚那、巴西 |
| 体　　　　　长： | 12～15厘米 |
| 习　　　　　性： | 较凶 |
| 水　　　　　质： | 中性 |
| 饲养难易程度： | 易 |

## ②地图鱼（尾星鱼、猪仔鱼）

| | |
|---|---|
| 原　　产　　地： | 委内瑞拉、巴西 |
| 体　　　　　长： | 约25厘米 |
| 习　　　　　性： | 凶恶 |
| 水　　　　　质： | 中性 |
| 饲养难易程度： | 易 |

## ③狮王鱼

| | |
|---|---|
| 原　　产　　地： | 南美洲 |
| 体　　　　　长： | 约25厘米 |
| 习　　　　　性： | 凶恶 |
| 水　　　　　质： | 中性 |
| 饲养难易程度： | 易 |

## ④九间凤凰（九间菠萝）

| | |
|---|---|
| 原　　产　　地： | 南美洲 |
| 体　　　　　长： | 约18厘米 |
| 习　　　　　性： | 凶恶 |
| 水　　　　　质： | 中性 |
| 饲养难易程度： | 易 |

## ⑤喷点珍珠虎（喷点、珍珠虎）

原　产　地：坦噶尼喀湖

体　　　长：约12厘米

习　　　性：凶恶，捕食性

水　　　质：弱碱性硬水

饲养难易程度：易

## ⑥得州豹（得克萨斯鱼）

原　产　地：南美洲

体　　　长：20～30厘米

习　　　性：凶恶

水　　　质：中性

饲养难易程度：易

## ⑦珍珠蝴蝶鱼

原　产　地：坦噶尼喀湖

体　　　长：约9厘米

习　　　性：具侵略性、领地观念

水　　　质：pH值8.2～9.5 硬水

饲养难易程度：中

## ⑧花老虎鱼

原　产　地：南美洲

体　　　长：约30厘米

习　　　性：凶恶，捕食性

水　　　质：中性

饲养难易程度：中

## ⑨银翡翠鱼（蓝钻妖姬）

| | |
|---|---|
| 原　　产　　地： | 墨西哥、哥斯达黎加 |
| 体　　　　　长： | 30～35厘米 |
| 习　　　　　性： | 凶暴 |
| 水　　　　　质： | 弱酸性至中性 |
| 饲养难易程度： | 易 |

## ⑩红头丽鱼（红头立、塔巴斯赫红头关刀）

| | |
|---|---|
| 原　　产　　地： | 南美洲塔巴究斯河 |
| 体　　　　　长： | 16～20厘米 |
| 习　　　　　性： | 同等丽鱼混养 |
| 水　　　　　质： | 弱酸性、8°～13° dH |
| 饲养难易程度： | 易 |

## ⑪帝王三间（皇冠三间、眼斑鲷）

| | |
|---|---|
| 原　　产　　地： | 南美洲 |
| 体　　　　　长： | 60～90厘米 |
| 习　　　　　性： | 凶恶，捕食性 |
| 水　　　　　质： | 中性 |
| 饲养难易程度： | 易 |

## ⑫非洲凤凰鱼

| | |
|---|---|
| 原　　产　　地： | 马拉维湖 |
| 体　　　　　长： | 约15厘米 |
| 习　　　　　性： | 捕食性 |
| 水　　　　　质： | pH值8～8.5，9°～19° dH |
| 饲养难易程度： | 易 |

## ⑬黄宽带鱼（黄宽蝴蝶）

| | |
|---|---|
| 原产地： | 坦噶尼喀湖 |
| 体长： | 约14厘米 |
| 习性： | 同种之间好斗 |
| 水质： | 弱碱性硬水 |
| 饲养难易程度： | 中 |

## ⑭雪鲷（红眼斑马鱼）

| | |
|---|---|
| 原产地： | 马拉维湖、坦噶尼喀湖 |
| 体长： | 10～14厘米 |
| 习性： | 有领地观念 |
| 水质： | pH值7.2～8，9°～11°dH |
| 饲养难易程度： | 易 |

## ⑮银河星钻

| | |
|---|---|
| 原产地： | 阿根廷 |
| 体长： | 15～20厘米 |
| 习性： | 凶恶 |
| 水质： | 中性 |
| 饲养难易程度： | 易 |

## ⑯嫦娥鱼（太阳鱼）

| | |
|---|---|
| 原产地： | 北美洲 |
| 体长： | 20～25厘米 |
| 习性： | 常争斗 |
| 水质： | 中性 |
| 饲养难易程度： | 易 |

### ⑰和尚鱼（巴西珠母丽鱼）

原　产　地：南美洲
体　　　长：约15厘米
习　　　性：同等可混养
水　　　质：中性
饲养难易程度：中

### ⑱红宝石鱼

原　产　地：非洲刚果河
体　　　长：12～15厘米
习　　　性：好斗，吃弱小
水　　　质：中性硬水
饲养难易程度：中

### ⑲红肚凤凰鱼（紫鲷）

原　产　地：西非
体　　　长：8～10厘米
习　　　性：温和
水　　　质：中性中硬度
饲养难易程度：易

### ⑳金菠萝鱼（西付罗鱼、眼花斑鲈）

原　产　地：巴西、圭亚那
体　　　长：约18厘米
习　　　性：同等可混养
水　　　质：中性
饲养难易程度：易

### ㉑七彩菠萝鱼

| | |
|---|---|
| 原　产　地： | 杂交品种 |
| 体　　　长： | 约16厘米 |
| 习　　　性： | 同等可混养 |
| 水　　　质： | 中性 |
| 饲养难易程度： | 易 |

### ㉒闪电蓝波

| | |
|---|---|
| 原　产　地： | 坦噶尼喀湖 |
| 体　　　长： | 约13厘米 |
| 习　　　性： | 略有攻击性 |
| 水　　　质： | 弱碱性中硬度 |
| 饲养难易程度： | 易 |

### ㉓火口鱼（红尾皇冠、丽体鱼、红胸花鲈）

| | |
|---|---|
| 原　产　地： | 中美洲 |
| 体　　　长： | 15～20厘米 |
| 习　　　性： | 凶暴 |
| 水　　　质： | 中性 |
| 饲养难易程度： | 易 |

### ㉔朱巴利鱼（猪八戒鱼）

| | |
|---|---|
| 原　产　地： | 南美洲 |
| 体　　　长： | 20～30厘米 |
| 习　　　性： | 凶恶 |
| 水　　　质： | 弱酸性至中性 |
| 饲养难易程度： | 易 |

## ㉕红魔鬼鱼（火鹤鱼）

原　　产　　地：哥斯达黎加
体　　　　　长：约25厘米
习　　　　　性：捕食性
水　　　　　质：中等
饲养难易程度：易

## ㉖血鹦鹉（发财鱼、红财神）

原　　产　　地：由南美洲品种在台湾杂交而成
体　　　　　长：约25厘米
习　　　　　性：同等混养
水　　　　　质：中性
饲养难易程度：易

## ㉗花罗汉

原　　产　　地：杂交品种
体　　　　　长：约20厘米
习　　　　　性：凶恶
水　　　　　质：中等
饲养难易程度：易

## ㉘棋盘短鲷

原　　产　　地：亚马孙河流域
体　　　　　长：7～8厘米
习　　　　　性：温和善良
水　　　　　质：弱酸性软水
饲养难易程度：中

## ㉙酋长短鲷（阿卡西、单线短鲷）

| | |
|---|---|
| 原产地： | 亚马孙河流域 |
| 体长： | 约8厘米 |
| 习性： | 温和善良 |
| 水质： | 弱酸性软水 |
| 饲养难易程度： | 中 |

## ㉚印加鹦鹉短鲷

| | |
|---|---|
| 原产地： | 巴拉圭、秘鲁 |
| 体长： | 约6厘米 |
| 习性： | 温和 |
| 水质： | 弱酸性至中性 |
| 饲养难易程度： | 中 |

## ㉛七彩凤凰（荷兰凤凰、矮丽鱼、马鞍翅鱼）

| | |
|---|---|
| 原产地： | 亚马孙河流域 |
| 体长： | 5～6厘米 |
| 习性： | 温和 |
| 水质： | 弱酸性至中性 |
| 饲养难易程度： | 易 |

## ㉜黄金短鲷

| | |
|---|---|
| 原产地： | 南美洲 |
| 体长： | 约7厘米 |
| 习性： | 温和 |
| 水质： | 弱酸性软水 |
| 饲养难易程度： | 易 |

## ㉝雪蓝阿拉（阿里鱼）

原　　产　　地：马拉维湖
体　　　　　长：约15厘米
习　　　　　性：同等混养
水　　　　　质：弱碱性硬水
饲养难易程度：易

## ㉞台湾海峡鱼

原　　产　　地：马拉维湖
体　　　　　长：约15厘米
习　　　　　性：较凶
水　　　　　质：弱碱性硬水
饲养难易程度：中

## ㉟红翅绿珍珠

原　　产　　地：马拉维湖
体　　　　　长：16～18厘米
习　　　　　性：具领地观念
水　　　　　质：弱碱性硬水
饲养难易程度：易

## ㊱紫蓝叮当

原　　产　　地：坦噶尼喀湖卷贝类鱼
体　　　　　长：5～6厘米
习　　　　　性：温和
水　　　　　质：弱碱性硬水
饲养难易程度：易

## ㊲黑嘴鱼

原　　产　　地：坦噶尼喀湖
体　　　　　长：10～12厘米
习　　　　　性：温和活泼
水　　　　　质：弱碱性硬水
饲养难易程度：易

## ㊳黄金钻石神仙（燕鱼、天使鱼）

原　　产　　地：亚马孙河流域
体　　　　　长：12～15厘米
习　　　　　性：温和文静
水　　　　　质：弱酸性至中性
饲养难易程度：易

## ㊴七彩神仙鱼

原　　产　　地：亚马孙河流域
体　　　　　长：16～18厘米
习　　　　　性：温和文静
水　　　　　质：弱酸性至中性
饲养难易程度：中

## ㊵喷点红苹果

原　　产　　地：坦噶尼喀湖
体　　　　　长：约12厘米
习　　　　　性：较凶
水　　　　　质：弱碱性硬水
饲养难易程度：易

## ㊶蓝星珍珠

| | |
|---|---|
| 原　产　地： | 马拉维湖 |
| 体　　　长： | 约10厘米 |
| 习　　　性： | 活泼、钻石洞、贝壳 |
| 水　　　质： | 弱碱性低硬度 |
| 饲养难易程度： | 易 |

## ㊷血艳红（格仔鱼）

| | |
|---|---|
| 原　产　地： | 马拉维湖 |
| 体　　　长： | 10～15厘米 |
| 习　　　性： | 同类混养 |
| 水　　　质： | 弱碱性硬水 |
| 饲养难易程度： | 易 |

## ㊸橙尾剑沙

| | |
|---|---|
| 原　产　地： | 坦噶尼喀湖 |
| 体　　　长： | 约12厘米 |
| 习　　　性： | 活泼 |
| 水　　　质： | 弱碱性硬水 |
| 饲养难易程度： | 不易 |

## ㊹红金珍珠

| | |
|---|---|
| 原　产　地： | 坦噶尼喀湖 |
| 体　　　长： | 10～14厘米 |
| 习　　　性： | 温和，吸沙觅食 |
| 水　　　质： | 弱碱性硬水 |
| 饲养难易程度： | 不易 |

## ㊺关刀宝石（食土鲷）

| | |
|---|---|
| 原　　产　　地： | 亚马孙河，蓝宝石近亲 |
| 体　　　　　长： | 约20厘米 |
| 习　　　　　性： | 攻击性强 |
| 水　　　　　质： | 弱酸性、中性软水 |
| 饲养难易程度： | 易 |

## ㊻皇冠六间（野生布隆迪、鹅头凤凰）

| | |
|---|---|
| 原　　产　　地： | 坦噶尼喀湖 |
| 体　　　　　长： | 20～30厘米 |
| 习　　　　　性： | 凶猛好斗 |
| 水　　　　　质： | 弱碱性低硬水 |
| 饲养难易程度： | 易 |

## ㊼维纳斯

| | |
|---|---|
| 原　　产　　地： | 马拉维湖 |
| 体　　　　　长： | 20～30厘米 |
| 习　　　　　性： | 凶恶 |
| 水　　　　　质： | 弱碱性硬水 |
| 饲养难易程度： | 易 |

## ㊽血浪鲷

| | |
|---|---|
| 原　　产　　地： | 坦噶尼喀湖 |
| 体　　　　　长： | 12～15厘米 |
| 习　　　　　性： | 具攻击性，雄鱼喜欢堆砌贝壳 |
| 水　　　　　质： | 弱碱性硬水 |
| 饲养难易程度： | 易 |

### ㊾熊猫

| | |
|---|---|
| 原　　产　　地： | 坦噶尼喀湖卷贝类鱼 |
| 体　　　　　长： | 约8厘米 |
| 习　　　　　性： | 温和 |
| 水　　　　　质： | 弱碱性硬水 |
| 饲养难易程度： | 中 |

## 91.攀鲈科热带鱼的饲养

攀鲈科热带鱼活泼敏捷，常在水面活动，有时还带有一点神经质。它们对水质不苛求，中性、弱酸性都能养好，但一定要干净。它们的食性很杂，但最喜活饵。除了斗鱼以外，其他品种的雄鱼也有打斗的现象，但多半在繁殖期。

### ①丽丽鱼（核桃鱼）

| | |
|---|---|
| 原　　产　　地： | 印度、孟加拉国 |
| 体　　　　　长： | 约5厘米 |
| 习　　　　　性： | 温和善良 |
| 水　　　　　质： | 中性 |
| 饲养难易程度： | 易 |

### ②泰国斗鱼（火炬鱼、彩雀鱼）

| | |
|---|---|
| 原　　产　　地： | 泰国 |
| 体　　　　　长： | 7～8厘米 |
| 习　　　　　性： | 雄性好斗 |
| 水　　　　　质： | 中性 |
| 饲养难易程度： | 易 |

### ③蓝曼龙（蓝线鳍鱼、云石马甲鱼）

原　　产　　地：东南亚
体　　　　　长：8～10厘米
习　　　　　性：温和活泼
水　　　　　质：中性
饲养难易程度：易

### ④珍珠马甲鱼（珍珠鱼）

原　　产　　地：东南亚
体　　　　　长：8～10厘米
习　　　　　性：温和
水　　　　　质：中性
饲养难易程度：易

### ⑤接吻鱼（吻嘴鱼）

原　　产　　地：印度尼西亚
体　　　　　长：15～25厘米
习　　　　　性：温和
水　　　　　质：中性
饲养难易程度：易

### ⑥黄金战船（战船）

原　　产　　地：东南亚
体　　　　　长：约25厘米
习　　　　　性：雄鱼凶暴
水　　　　　质：中性
饲养难易程度：易

### ⑦中国斗鱼

| | |
|---|---|
| 原产地： | 中国南方 |
| 体长： | 8～10厘米 |
| 习性： | 雄鱼之间好斗 |
| 水质： | 中性 |
| 饲养难易程度： | 易 |

## 92.彩虹鱼的饲养

彩虹鱼是一种河口鱼，比较好养，也耐低温，饲养时最好在水中加微量食盐，最适宜22～24℃的水温。彩虹鱼成群活动，动作敏捷，饲养空间要大，杂食性，活饵更适宜，水质以中性或偏碱性为宜，硬度不宜低。

### ①燕子美人

| | |
|---|---|
| 原产地： | 昆士兰及爱尔兰水域 |
| 体长： | 约3厘米 |
| 习性： | 温和 |
| 水质： | pH值6.4，软水 |
| 饲养难易程度： | 易 |

### ②红苹果美人

| | |
|---|---|
| 原产地： | 澳大利亚 |
| 体长： | 约6厘米 |
| 习性： | 温和 |
| 水质： | pH值7～7.2，中硬水 |
| 饲养难易程度： | 易 |

### ③电光美人（小彩虹）

原　产　地：澳大利亚

体　　　长：5~6厘米

习　　　性：温和

水　　　质：弱碱性中硬水

饲养难易程度：易

### ④石美人（半身黄彩虹）

原　产　地：巴布亚新几内亚

体　　　长：约10厘米

习　　　性：温和

水　　　质：弱碱性低硬水

饲养难易程度：易

### ⑤霓虹燕子（七彩霓虹稻田鱼）

原　产　地：澳大利亚

体　　　长：约5厘米

习　　　性：温和

水　　　质：中性低硬水

饲养难易程度：难

## 93.鲇科热带鱼的饲养

鲇科热带鱼不但品种繁多而且构成复杂，大小不一，形状奇异。小型鲇科鱼大多为一些图案优美的文静底栖鱼类，在水族箱中它们有时会拱翻沙石、破坏水草，因此饲养这些小鼠鱼一定要铺沙，且不可养得太多。它们对水质的适应范围很广，弱酸性至弱碱性皆能适应，而且能耐低温，不挑食。

大型鲇科鱼多为夜行性的，杂食性，爱吃小鱼，对水质也没有什么要求。它们的活动需要较大的空间，白天常蛰伏在缸底，一旦食物投来，它们会猛地扑上前去。它们一般都耐低温和较大范围的水质变化，属于容易饲养的鱼。

## ①玻璃猫鱼

| | |
|---|---|
| 原　　产　　地： | 泰国、马来西亚 |
| 体　　　　　长： | 10～12厘米 |
| 习　　　　　性： | 温和 |
| 水　　　　　质： | 弱酸性软水 |
| 饲养难易程度： | 易 |

## ②红尾鸭嘴

| | |
|---|---|
| 原　　产　　地： | 亚马孙河流域 |
| 体　　　　　长： | 60～80厘米 |
| 习　　　　　性： | 凶恶 |
| 水　　　　　质： | 中性 |
| 饲养难易程度： | 易 |

## ③反游猫鱼

| | |
|---|---|
| 原　　产　　地： | 非洲 |
| 体　　　　　长： | 约10厘米 |
| 习　　　　　性： | 温和 |
| 水　　　　　质： | 中性 |
| 饲养难易程度： | 易 |

### ④虎鲨（虎皮鲇、虎皮鸭嘴）

原　　产　　地：亚马孙河流域
体　　　　　长：约50厘米
习　　　　　性：凶猛捕食性
水　　　　　质：中性
饲养难易程度：易

### ⑤美鲇（魔鬼战车）

原　　产　　地：南美洲大部分河流
体　　　　　长：约18厘米
习　　　　　性：温和
水　　　　　质：中性
饲养难易程度：易

### ⑥美洲白猫（银鲇）

原　　产　　地：亚马孙河流域
体　　　　　长：约60厘米
习　　　　　性：温和
水　　　　　质：弱碱性至中性
饲养难易程度：易

### ⑦熊猫鼠鱼

原　　产　　地：秘鲁
体　　　　　长：约5厘米
习　　　　　性：温和
水　　　　　质：中性
饲养难易程度：易

## ⑧青苔鼠（金苔鼠）

原　　产　　地：巴西
体　　　　　长：约5厘米
习　　　　　性：温和
水　　　　　质：中性
饲养难易程度：易

## ⑨小精灵（耳斑鲇）

原　　产　　地：巴西
体　　　　　长：4～6厘米
习　　　　　性：温和
水　　　　　质：弱酸性软水
饲养难易程度：易

## ⑩金银鼠（花斑鼠）

原　　产　　地：巴西瓜波雷河
体　　　　　长：约6厘米
习　　　　　性：温和
水　　　　　质：弱酸性至中性
饲养难易程度：易

## ⑪清道夫（琵琶鱼、吸盘鱼）

原　　产　　地：南美洲
体　　　　　长：20～30厘米
习　　　　　性：同等大小混养
水　　　　　质：中性
饲养难易程度：易

### ⑫美洲黑猫

| | |
|---|---|
| 原　产　地： | 亚马孙河流域 |
| 体　　　长： | 30～40厘米 |
| 习　　　性： | 夜行，捕食性 |
| 水　　　质： | 中性 |
| 饲养难易程度： | 易 |

## 94.异型鱼的饲养

购买是饲养异型鱼的第一关，要购买健康而有神的鱼，不要购买刚运达的鱼，过肥、过瘦、拉着稀粪便的鱼都不要购买。水质处理对异型鱼十分重要，应严格控制鱼缸中的氨氮有机物，也就是换水宜勤，清洁卫生，不留污物，不要换含氯的水，水至少要沉淀三四天以上，不要轻易用药，除非万不得已。大部分异型鱼适宜弱酸性或中性的宽大水体，坦克类的鱼适宜弱碱性的水质。

新买入缸的鱼特别胆小，栖于缸底，遇人可能会躲藏，拒食，待环境熟悉后会好得多。异型鱼对活饵感兴趣，有些可能对人工饵料不接受，要有个驯饵的过程，循序渐进，适当饥饿总能成功，市场上异型鱼的饵料不少，还有营养丰富的螺旋藻片，可以尝试着去喂。不要喂得过饱，尤其是人工饵料，过于肥胖懒得游动会引发疾病。大部分异型鱼还喜欢啃食青苔和缸底的残饵，甚至动植物的死尸碎屑，叫它们“清道夫”一点都没有错。总之，异型鱼的食性差异较大，不好一概而论。缸中尽量不要混养其他鱼，这些鱼的动作敏捷，可能会跟异型鱼争食，甚至欺负这些异型鱼。

对于异型鱼特别是一些大的品种不要轻易抛入我国内河，以免造成生态灾难。据报道，四川省宣汉县内河已发现一些清道夫，引起了有关方面的警惕。

①皇冠豹

| | |
|---|---|
| 原　产　地： | 哥伦比亚 |
| 体　　　长： | 约30厘米 |
| 习　　　性： | 温和，素食为主 |
| 水　　　质： | pH值7～7.2，7°～10° dH |
| 饲养难易程度： | 中 |

②美洲豹

| | |
|---|---|
| 原　产　地： | 亚马孙河中游 |
| 体　　　长： | 约15厘米 |
| 习　　　性： | 温和 |
| 水　　　质： | 中性 |
| 饲养难易程度： | 难 |

③黄金达摩（24K）

| | |
|---|---|
| 原　产　地： | 南亚 |
| 体　　　长： | 约16厘米 |
| 习　　　性： | 弱酸性至中性 |
| 水　　　质： | pH值7～7.2，7°～10° dH |
| 饲养难易程度： | 过小难以成活 |

## 95.古代鱼及大型鱼的饲养

古代鱼都是一些大型鱼。应用较大的水族箱饲养，小缸会使它们产生压迫感，若跳出缸外，会造成死伤。这些鱼食量大，生长快，每天一次喂至五分饱即可，主要食物有小杂鱼、切碎的鱼块、小虾等，但一定要新鲜。水质没有什么讲究，只要不是太脏，一般每隔数天吸去底部的部分水并进行过滤即可。

需要注意的是，这几年在我国内河，在四川、重庆、南京等地的河中出现了雀鳝、食人鲳、清道夫的身影，长此下去，会给我国生态造成不可挽回的损失，因此，所有这些外来的大型物种只能缸养，不能放生。

### ①雀鳝（长嘴鹤、尖嘴鳄鱼）

| | |
|---|---|
| 原　　产　　地： | 北美洲 |
| 体　　　　　长： | 80厘米 |
| 习　　　　　性： | 凶恶 |
| 水　　　　　质： | 无苛求 |
| 饲养难易程度： | 易 |

### ②血红龙（骨舌鱼、龙吐珠鱼）

| | |
|---|---|
| 原　　产　　地： | 印度尼西亚 |
| 体　　　　　长： | 约100厘米 |
| 习　　　　　性： | 凶恶 |
| 水　　　　　质： | 中性 |
| 饲养难易程度： | 中 |

### ③海象

| | |
|---|---|
| 原　　产　　地： | 亚马孙河流域 |
| 体　　　　　长： | 数米 |
| 习　　　　　性： | 捕食性 |
| 水　　　　　质： | 中性 |
| 饲养难易程度： | 易 |

### ④象鼻鱼（长颌鱼）

原 产 地：中非
体 长：20～40厘米
习 性：凶恶
水 质：中性
饲养难易程度：易

### ⑤魔鬼刀（黑鬼鱼）

原 产 地：巴西
体 长：30～40厘米
习 性：凶恶，捕食性
水 质：无苛求
饲养难易程度：易

### ⑥七星刀（弓背鱼、驼背鱼、东洋刀）

原 产 地：东南亚
体 长：80～90厘米
习 性：凶恶，捕食性
水 质：无苛求
饲养难易程度：易

### ⑦泰国虎（三间虎）

原 产 地：泰国、印度尼西亚
体 长：约40厘米
习 性：较凶
水 质：中性
饲养难易程度：中

### ⑧魟鱼（魔鬼鱼）

| | |
|---|---|
| 原　　产　　地： | 南美洲 |
| 体　　　　　长： | 约30厘米 |
| 习　　　　　性： | 凶猛，刺有毒 |
| 水　　　　　质： | pH值7，软水 |
| 饲养难易程度： | 难 |

### ⑨多鳍鱼（恐龙鱼）

| | |
|---|---|
| 原　　产　　地： | 非洲 |
| 体　　　　　长： | 12厘米 |
| 习　　　　　性： | 温和 |
| 水　　　　　质： | pH值7，软水 |
| 饲养难易程度： | 易 |

## 96.热门品种和其他种类

前面我们按科对热带鱼的饲养进行了介绍，下面再对这些科目中广泛饲养的一些热门品种予以介绍，同时对一些相对冷僻的鱼也予以介绍。

①神仙鱼的饲养。

神仙鱼可在20～30℃水中生活，最适宜水温27～29℃，水温长期偏低易患病，适宜弱酸性至中性水质，要求水体清洁透明，有机质含量低，经常少量换水会促使其新陈代谢旺盛、生长良好。喜食各种活饵，如水蚯蚓、红血虫、孑孓、水蚤、新鲜的鱼虾肉，口味宜常变，不要一次喂得太多。性格文静、胆小、孤僻，应保持周围环境安静，缸中最好有大叶水草，光照量中等，可以单养，也可以和文静温和的鱼混养，不要和本科中的大型肉食性鱼类混养。

神仙鱼经过长期的人工饲养和杂交培育，产生了许多新的品种，其中固定遗传的品种有：黑神仙鱼、红眼白神仙鱼、阴阳神仙鱼、云石神仙鱼。黑神仙鱼以黑色为主，偶见黑色底部的垂直条纹黑得不很彻底，略带红；红眼白神仙鱼（红眼钻）背部鹅黄色，其余部分闪烁着银白色的光泽，从某个角度可见灰暗的垂直条纹，眼圈红色，显得高雅华贵；阴阳神仙鱼后半身黑色，前半身白色；云石神仙鱼浅黄白色的身体上镶嵌着若干块大小形状不一的黑色花纹，又名熊猫神仙鱼。

金头神仙

这些神仙鱼饲养方法大同小异，患病多因上述条件不宜及低温引起。最娇的恐怕要数红眼白神仙鱼，如饲养条件良好，可见各鳍膜完好；反之，可见各鳍膜边缘烂蚀，散开呈扫帚状。轻度感染时，游动觅食正常，多喂活饵，投入一些抗生素还可自行修复；严重时（多有并发症如呼吸系统感染）久浮水面，数日内死去。

②七彩神仙鱼的饲养。

七彩神仙鱼属高温高氧鱼，适温27～30℃，适宜弱酸性至中性软水，水体含氧丰富，水质洁净透明，微有流动，氨氮含量低，亚硝酸盐含量为零或在每升水0.2毫克以下。在饲养前或饲养过程中，要对氨氮含量进行测试和调整。水质宜保持稳定，不宜变化太大。水族商店通常裸缸饲养出售，裸缸饲养应经常吸污兑水，加强过滤。放鱼之前，应向缸中加入适量的黑水、草泥丸，以软化水质，调整pH值，使水质趋于自然。放入一个新的水体后，由于水质或环境的原因，可能有两三天的不适应，如色彩退化、食欲不好、爱躲藏，几天后情况会好转。

为模拟原始热带雨林气候，最好将它们养在水草缸内，缸内宜设计生化过滤系统，保持良好的水质和充足的溶氧，水草生长茂密，添加硝化细菌，保持生态平衡。

七彩神仙鱼喜食鲜活饵料，如红血虫、孑孓、小型昆虫以及切碎的牛心、鱼肉、虾肉、蚬肉等，但饵料要经常变换，如果经常喂同一种饵料，它们会吞吞吐吐，难以下咽，甚至会出现拒食情况。饵料投喂要少量多次，喂至八九成饱即可，不留剩饵。

七彩神仙鱼喜静怕惊，平时总是以警惕的目光注视四周，饲养中应尽量减少人为干扰，缸中应尽量栽种大叶水草或放置山石让其隐匿其间。较大的神仙鱼有些霸道，有欺负弱小的现象，不要和过小的鱼混养，也不要和凶恶的肉食者混养，最适合混养的鱼有红鼻剪刀，红绿灯鱼，孔雀鱼，大、小三角灯鱼，小型鼠鱼等。

鸽子红

黄七彩

③泰国斗鱼的饲养。

泰国斗鱼

泰国斗鱼褶鳃可以直接获取水面的空气，不会发生缺氧而亡的情况，所以养在小容器中没有问题，一个迷你缸养上一条泰国斗鱼放于办公案头，可谓别有一番情调。对水质也没有什么讲究，只是斗鱼爱斗，一缸不容两雄，最好的办法就是单独饲养，一缸只养一条，倘若要在大缸中饲养多条，尽量从小养起。在泰国，有每年一度的斗鱼比赛。

④玻璃拉拉鱼的饲养。

玻璃水晶鱼

玻璃拉拉鱼产于印度，是一种透明的小型鱼，体侧扁，眼大，除了少量黄色外，一般无其他色彩。前已介绍，市场上的激光鱼多由玻璃拉拉鱼激光着色而成，主要为单色，有翠绿、鹅黄、粉红、玫瑰红等。玻璃拉拉鱼温和胆小，喜群居，对水质不苛求，22℃以上即可，经常喂些活饵更好。玻璃拉拉鱼易产卵，但稚鱼太小，若饵料跟不上，照顾不周，不易成活。

⑤斑马鱼的饲养。

斑马鱼体态修长，条纹蓝白相间，游动敏捷迅速，是深受大众喜爱的品种，更重要的是它们适应不经任何处理的水质，弱酸性、中性，甚至弱碱性硬水也能适应。它们对饵料从不挑剔，行动迅速，总是先抢到食物，但其性情温和，只是和虎皮鱼一样偶尔会捉弄同伴的长鳍。

斑马鱼喜群居，再加上混养一些其他鱼，在水草缸中色彩绚丽。

⑥青苔鱼的饲养。

青苔鱼是一种体长5～6厘米的小型鱼，淡黄色，它像清道夫一样有一个圆圆的吸盘，会吸附在玻璃或小草上，啃食上面的青苔，因此它也是一种除苔鱼。和清道夫不一样，它个头小，文静，不会拱翻水草，是一种素食鱼。在阳光下的鱼缸都会长青苔，青苔鱼的食物不会缺乏，鱼缸也比较干净。不要和清道夫一起饲养，因为清道夫个体大，啃食青苔的能力太强，会将青苔吃光导致这种小青苔鱼吃不上食物而被饿死。缸内不可兼顾其他鱼投喂过多的活饵，否则它们会胀死。

斑马鱼

青苔鱼

⑦射水鱼的饲养。

射水鱼又称高射炮鱼，鲈形目射水鱼科，产于印度洋与太平洋沿岸的淡咸水交界处，体侧扁，头尖而长，眼大而黄略带绿色，体侧有6条黑色垂直条纹，野外的射水鱼长达20～30厘米，水族箱内多见数厘米至十几厘米的。

射水鱼

射水鱼喜食动物性饵料，尤其是昆虫。在自然环境中，射水鱼通过口部射出的强烈水流，将水面上方的枝叶上停歇的昆虫击落水中，从而成为捕获的对象。

射水鱼是广盐性鱼类，弱碱性、低盐度的水最为理想，水温24～28℃，性情温和，可混养，但最好单养，可在水族箱上部放入几只昆虫，观察其捕虫的绝技。

射水鱼产浮性卵，一次产卵3000粒左右，亲鱼会吃卵，产卵后应将其捞走。水族箱中繁殖比较困难，多在南方入海口的繁殖场繁殖。

⑧金（银）鼓鱼的饲养。

金（银）鼓鱼成鱼体长20厘米，分布于印度-太平洋海域河口处。

银鼓鱼

银鼓鱼也是广盐性鱼类，饲养中向水中加微量食盐，缸内还可放置一些硼沙或珊瑚沙，以提高硬度。银鼓鱼游动迅速，会攻击其他鱼，爱吃活饵，生长快，在水族箱中很难繁殖，背鳍硬棘有毒，捕捉时要小心，一般可与虹鱼、地图鱼、射水鱼等混养。

⑨蝙蝠鲳鱼的饲养。

蝙蝠鲳

蝙蝠鲳鱼在海洋中生长，溯游至内河繁殖，适应微盐、微碱性水质，适温22～28℃。饲养中应经常换兑水，保持良好水质，缸内可种植水草。喜食孑孓、线虫，性温和胆小，可以和同等大小的鱼混养。

⑩竹签鱼的饲养。

竹签鱼

这种20～30厘米长的黄绿色的细长鱼很像一根竹签，头部尖而长，口大牙齿尖锐，是一种专吃小鱼的肉食性鱼，它将食物吞下后，腰部呈明显的凸起状。竹签鱼不可与小鱼混养，但在凶猛的大鱼面前，它又显得很胆小，不敢上去觅食，甚至被大鱼吞食。

竹签鱼原生于盐水水域，水中可加微量食盐（50克/100升水）。饲养的水质以中性至弱碱性为宜。

⑪银针鱼的饲养。

这种中型鱼以体型独特而受到人们的喜爱，其体型细而直，乍看犹如一支银棒，呈银灰色；口大而长，下颌突出，牙尖锐，凶悍，肉食性，不可与其他鱼混养。原生于半咸水水域，水中宜加入微量食盐（50克/100升水），饲养水质中性至弱碱性，适温22～26℃，喜食小鱼、红血虫等活饵。卵生，宜养于水草缸内。

雄鱼攻击力强，互相之间会不停地争斗，下颌常因此折断死亡。

银针鱼

⑫潜水艇鱼的饲养。

潜水艇鱼又名淡水河鲀，它需要一个比较宽大的水环境，不可养得太密太多，缸内可以栽种一些大叶植物，布置石块洞穴，一般黄昏时比较活跃，白天通常躲起来休息。性情比较暴躁，常伤及或干脆吃掉其他小鱼，它的体内有毒素，对其他鱼可是致命的。

潜水艇鱼很少吃颗粒饵料和植物饵料，喜欢各种小型活饵，如红血虫、蚯蚓、小贝类蜗牛等。

它们受到侵害时，肚皮会充气鼓起来，浮在水面上装死，不一会儿又恢复原状，不要轻易用手去捉它，以防被刺而中毒。

河鲀

水质中性微盐低硬度，但氨氮和亚硝酸的含量应极低，水要净，不可缺氧。

河鲀鱼在江浙一带的养殖场已不少见，主要用于食用。

⑬血鹦鹉的饲养。

血鹦鹉有一张鹦鹉似的脸，憨态迷人，这种鱼虽然难以繁育，但比较好养。在水中比较文静，除了抢食，游动慢条斯理。

血鹦鹉

血鹦鹉适温24～26℃，对水质无苛求，一般水质都能养得很好，它们大多养于裸缸中，但水质处理一定要勤，硝化过滤要好，缸中尽量不要有粪便，各种食物它们都能接受，只是活饵对其色彩更好。血鹦鹉的杂交品种比较多，主要是外形上的差异，最近广州芳村花鸟市场上出现了一种鹅黄色的血鹦鹉。还有那20～24厘米长的顶级品种，养得又肥又厚，颜色血红，350元一条，非常漂亮。激光着色的血鹦鹉也是广州新近流行的。

⑭花罗汉的饲养。

花罗汉

花罗汉是杂交品种，遗传不够稳定，没有肉瘤或不具优质花纹的不要购买，一般在10厘米长时，这两个特点均已显现。

花罗汉食量大、生长快，水族箱要尽可能大，缸中要有净水增氧设备。pH值应维持在7，定时换水，缸中可以加微量食盐。花罗汉有专用饵料，最好经常搭配活饵投喂，少吃多餐定时定量，每天应至少给予4小时的光照，水温不能骤变，否则易患白点病。

⑮魟鱼的饲养。

魟鱼

魟鱼是出现在一亿多年前的古老物种，鲨的同类。大部分分支生活在海里，亚马孙河流域的魟鱼是由于海水的消退使其留于陆地的水域，并经漫长的时间进化而成。

魟鱼虽然能忍受较大的水质变化，但不能有瞬间的大变化，无论pH还是硬度，都必须有个缓慢适应的过程。一般新购进的鱼养于pH值6.5～7的水中，并在这样的水质中稳定一段时间，pH值高于7，魟鱼会无精打采。魟鱼喜欢较软的水质，硬度在7° dH以下最好，硬度过高会停食，身体颤抖。水质要新鲜，亚硝酸盐的含量应极低，每升百万分之一以下，每星期换水1～2次，水质不宜会导致唇边溃烂、破皮，治疗比较麻烦。刚购进的鱼，应将袋内和缸内的水反复交融数次以减少对鱼的刺激。

魟鱼具有在水底藏沙的习性，多在水族箱底部活动，但水底铺沙又容易藏污纳垢，清理起来比较麻烦。魟鱼体扁平，略呈圆形，软骨无鳞，胸鳍发达，尾呈鞭状，有毒刺，喜欢吃各种小鱼、无脊椎小动物，如红血虫、丝蚯蚓等，它们的唇边不停地扇动，当小鱼游近时，唇边猛地一扑，将小鱼压于身下，然后吞入口中。

魟鱼饲养难度大，胆小，易产生压迫感而猝死。

⑯红龙鱼的饲养。

1970年，红龙鱼即被印度尼西亚人、当地华人养殖于家庭的池塘中，1978年被运销至国外，在美国、泰国、日本、马来西亚和我国台湾等地广受欢迎。红龙鱼有极高的科研和学术研究价值以及观赏价值，人为的滥捕，使其存世量日渐稀少，价格居高不下，几乎如艺术品，少则数千元，多则数万、数十万元1条。

血红龙

目前至少有3个国家（印度尼西亚、马来西亚、新加坡）以及近20个民间团体成功地以半人工的方式进行了这方面的繁殖实验，并顺利地产下了后代。

饲养还算容易，以中性至弱酸性软水为佳，也不要太硬，但一定要“净”，不要立即放入一个纯新的水体中，突然全部换水，会使其受惊吓，以致无法适应，有可能造成鳃盖反卷、鳞片脱落等。适温28～30℃，光照应每天保持4小时以上。喜食小鱼、小虾等活饵，虾应剪去刺螯。要用中大型水族箱，水族箱应加盖，加热管要用金属网罩保护隔离。红龙鱼寿命很长，为纯捕食性鱼类，不要与其他鱼混养。红龙鱼为口孵性鱼种，每次产卵100粒左右，多在野外以半人工的方式繁殖。龙鱼在小鱼面前很霸道，实际上很胆小，平时注意不要让其受人为的惊吓。龙鱼阶段性的拒食是一个普遍现象，什么原因引起，至今没有定论，短的数天，长的几个月，除非生病，一般可自行恢复吃食。

红龙鱼很通人性，记忆力很好，养久了的红龙鱼，当主人走近时，会主动游来，摇尾乞怜，温和地看着主人，甚至接受主人的抚摸。

⑯红尾蓝（黑）鲨的饲养。

红尾蓝（黑）鲨

红尾蓝（黑）鲨适温24～27℃，水温过低时，红色消退变为纯黑色。对水质要求不严，但水底应铺设沙粒，栽种水草，饲养环境应比较宽大，光照不宜过强。该鱼食性杂，活饵、水藻、菜叶、缸底残饵都肯觅食，亦可算水族箱中的“清道夫”，食量大，生长快。这种鱼的领地观念极强，游动快捷，上下翻滚性情凶猛强悍，同类及近亲品种间争斗尤其激烈，弱者往往被赶至水面饥饿而死，也不宜与小鱼混养，混养的鱼尽量从小养在一起。

红尾蓝（黑）鲨虽然容易饲养，但应尽量满足水环境和饵料的营养要求，色彩才会鲜艳。

⑱漂亮宝贝的饲养。

漂亮宝贝

漂亮宝贝又名火麒麟，分布于东非莫桑比克以及南非境内，体长约6厘米，十分鲜艳，几乎可以说是卵生鳉鱼的代表鱼种，是世界上名列前茅的难养品种，典型的一年生品种。

水温一般为22～24℃，饵料充足，寿命尚可长些，以活饵料为主，如丰年虾、红血虫、水蚤，对水质要求虽然不高，但水质瞬间不能变化太快，需小部分小部分地换，否则易死亡。

生活在东非草原的这种鱼，每年旱季来临时，水塘、小河便逐渐干涸，美丽的鱼儿便走到了生命的尽头。在旱季来临之前，鱼儿已将卵产于水下面的泥土之中，受精卵能在干燥的泥土中度过漫长的时间，数月后雨季来临，甘霖浸涌大地，受精卵渐渐复苏，幼鱼就会挣扎着从胀破的卵壳中来到这个陌生的世界。

国内目前已经有一些地方在水族箱内成功地进行了繁殖，但技术性比较强。在水族箱内放置一个盆器，盆内放入经处理和消毒过的泥炭，性成熟的亲鱼会在泥炭上面激烈追逐，将卵产于其中；受精卵必经过一至数个月的干燥期（休眠期），才能孵化。

⑲虾虎鱼的饲养。

虾虎鱼

虾虎鱼可以说是一种奇特的鱼，它的长相和行为怪异，种类很多，海水、淡水中都有，大多分布在太平洋沿岸地区。淡水品种主要有周氏虾虎鱼、溪吻虾虎鱼、枝牙虾虎鱼、栉虾虎鱼等。它们都是一些2～4厘米的小型鱼。

虾虎鱼腹鳍胸位，愈合成吸盘能吸附在水草或缸壁，大多静伏在缸底，偶做间歇性游动，它们有时会像哺乳动物坐在地上，用腹鳍撑在底部。高高抬起头，注视着前方，遇到同伴，它们会张开方方的大口片刻，恐吓对方，直至一方逃走，但未见打斗行为。

饲养虾虎鱼可以用小型缸，一个加热管和过滤泵，细颗粒的底沙，有几块生长青苔的石头更好，因为它们是食性偏素的鱼儿，但也不是纯吃素，没有动物饲料的补充，它们会长得非常瘦削，本来蝦虎鱼就难养，觅食能力差（其他鱼见到食物会蜂拥而上，而蝦虎鱼只吃到了跟前的食物），瘦小的鱼儿更容易死去。

上页图为小蜜蜂，又名道氏蝦虎鱼，体长4～5厘米，水质pH值7～8，含盐2‰～3‰，光照中等偏弱，水流适中，常喂活饵，最好不要混养，否则会吃不到食物，水质也可能顾此失彼。

蝦虎鱼的成活率不高，寿命不长，一种认为同一群体中的弱小者会主动“节衣缩食”，牺牲自己，保全大局；另一种认为蝦虎鱼觅食迟钝，弱小者总是抢不到食物，以致慢慢饿死。笔者曾养过栉蝦虎鱼，同差不多大的阿卡西、孔雀鱼养在一起，难养的短鲷安然无恙，瘦小的蝦虎鱼易死是事实，死之前除了颜色淡下去，没有其他症状，它们都是夜间死去，早上发现。可能是水质偏酸偏软的原因，亦或是动物饵料吃多了，因为在混养缸中，笔者喜欢喂蛋白、鱼粒一类的食物，这些食物蝦虎鱼是不太适应的。

# 四、热带鱼的繁殖

## 97.繁殖习性不尽相同

饲养热带鱼会给你带来快乐，而繁殖更是充满乐趣和挑战，一般的饲养者，饲养到一定时候，总想在繁殖方面试试身手。当他繁殖成功，看着培育出的条条小精灵，会充满成就感，撇开商业价值不说，送给亲朋，也可使他们分享其中的快乐。

热带鱼的繁殖是一个很大的话题，因为种类太多，要求不一，我们将分科分类叙述。除此以外，我们还对一些重点品种的繁殖单独介绍。同一科的热带鱼繁殖方式大抵相同，譬如花鳉科都是胎生，脂鲤科都需要弱酸性水质，鲤科鱼都有一边产卵一边吃卵的习惯，慈鲷科都会看护卵和幼鱼。但同一科中也有一些不同的地方，譬如红绿灯、红旗、宝莲灯、红鼻剪刀的繁殖要基本遮光，黑裙鱼就不需遮光。攀鲈科的雄鱼都有吐泡筑巢的习惯，但接吻鱼就不吐泡筑巢，还有脂鲤科的繁殖用水硬度相差很大，有些稍软即可，有些接近超软水。

## 98.繁殖器具

繁殖器具包括各种鱼缸、集卵水草、棕丝、产卵板、洞穴、花盆、隔卵网，这些器具可以自己准备，也可以到水族商店购买。繁殖小型鱼多用40～50厘米长的小型缸，繁殖神仙鱼和七彩鱼多用中等的方形缸，中型鱼要用中型以上的缸。台湾规模化的繁殖场将数十只（或上百只）缸整齐排开，这样便于编号、记录、管理操作。水草、瓷板、花盆等主要是激发不同的鱼产卵，营造一个产卵的环境。

小型繁殖缸

鲷罐

## 99.各种试剂和药品

用于调整pH和硬度，如降低pH的磷酸，提高pH的碳酸氢钠、碳酸钠，降低硬度的树脂、纯净水，提高硬度的碳酸钙、硫酸镁、氯化钙、珊瑚沙等。

## 100.种鱼的选择

选择种鱼是繁殖的第一关，要选择体型端正、特征明显、色彩鲜艳的健康鱼种；要选择品系纯正的鱼种，譬如有肉瘤的要选择肉瘤高耸的，有花纹特征的要选择花纹特征明显的；要选择年轻的鱼，小型鱼的寿命不过三年左右，应选择1龄左右的鱼用于繁殖；要选择健壮的鱼，而不要选择瘦削的鱼，由上向下俯视，脊椎两侧肉质厚而肥的一般体质强健，经得住繁殖期的考验。

选择的雌雄鱼血缘要尽可能远一些，同一窝的鱼犹同近亲结婚，后代体质较差，特性易退化，可到其他水族馆购买雌（雄）鱼，以淡化血缘。

繁殖前应经常投喂活饵，这样发育才会成熟，而以干饲料为主的种鱼，生殖腺发育又迟又差。

## 101.雌雄鱼的鉴别

①从外形鉴别：譬如同一批长大的鱼，玛丽鱼、月光鱼的雌鱼大些，雄鱼小些；神仙鱼、各种短鲷雌鱼小些，雄鱼大些；剑尾鱼雄鱼有剑，雌鱼没有；孔雀鱼雄鱼有美丽的花纹，雌鱼几乎无花纹；红肚凤凰、虎皮、金丝鱼、三湖慈鲷等雄鱼都比雌鱼艳丽得多，尤其在繁殖期更为明显。

鲜亮的阿卡西雄鱼

剑尾鱼雄鱼

②从看腹部：在性成熟期观察。梭形、流线形的鱼，如斑马、红绿灯、黑日光灯、短鲷、曼龙鱼等在性成熟期雌鱼腹部几乎浑圆鼓起，而雄鱼比较扁平。侧扁的鱼，如虎皮、神仙、七彩、黑裙、三角灯等鱼，性成熟时腹部有一个黄豆粒（或不足黄豆大）大的鼓起的是雌鱼，扁平不鼓的是雄鱼。

血艳红（上大而艳者为雄鱼）

③看追逐状况：一般主动、不停追逐的是雄鱼，被追逐的是雌鱼。

④看泄殖孔：丽鱼科鱼性成熟期（特别在产卵前）产卵（精）管都会伸出体外，雄鱼的排精管又尖又细，而雌鱼的产卵管又短又粗，相差很大。

⑤看性情：一般争斗、撕咬不休的是雄鱼，如斗鱼类以及慈鲷科的部分鱼。

## 102.花鳉科鱼的繁殖

花鳉科热带鱼的繁殖可以说是毫不费力，在一般饲养的水质中，它们都能繁殖，刚入门的新手都可尝试，只要让雌鱼吃饱，保证其发育成熟即可。雄鱼（特别是孔雀鱼）几乎不停地追逐。在饲养良好的情况下，3个月左右便可性成熟。雌雄鱼体内受精，受精卵在腹内发育成稚鱼，稚鱼产下后视不同品种平均长3～4毫米，孔雀鱼的稚鱼青灰色，剑尾鱼、月光鱼的稚鱼为红色，黑玛丽的稚鱼为黑色。初胎10～20条，以后孔雀鱼每胎可达70～80条；剑尾鱼体型较大，每胎可产100条左右；小型月光鱼每胎也可达50条左右。

蓝袍孔雀

扇尾孔雀

不要担心成鱼吞食稚鱼，只要每个缸中只养一个品种，让亲鱼吃饱，吃稚鱼现象几乎见不到。

稍大的活饵小稚鱼吞不下，可以投喂过滤后的活饵，还有各种小型颗粒饵料，本科鱼的食性很杂，爱啃食玻璃上的青苔的稚鱼容易饲养，生长的速度很快。

5～6月（视各地气温），即可将孔雀鱼放入室外池中，只要饵料充足，成鱼马上就会繁殖，经3个月，子一代又开始繁殖，至秋后入室之前，一对孔雀鱼可繁殖出上千条稚鱼，是名副其实的“百万鱼”。剑尾鱼、月光鱼的繁殖也差不多。

孔雀鱼除了耐有机质较高的污水外，还耐浅水（耐缺氧），在10～15厘米深的池水中饲养没有任何问题。

室外饲养还有个防害的问题。前已叙述。

## 103. 丽鱼科鱼的繁殖

丽鱼科鱼的繁殖首先是配对，常在一起形影不离的则表明是已配成的一对，人为的拉郎配不一定成功。将配对成功的鱼放入稍大的缸中，水质要视鱼而定，南美洲鱼喜弱酸性至中性软水，非洲慈鲷需弱碱性硬水。缸内放入平整的石块或花盆，水温26～28℃，雌鱼会将卵粒产于其上，没有重叠，南美洲鱼得州豹、火口鱼、布氏鲷、红魔鬼、菠萝鱼等，产卵的情况都差不多。产卵后也可将石块移入其他缸中孵化，稚鱼孵出时，亲鱼会一直在旁看护，以后会领着它们游动。

护卵

护幼

产卵

亲鱼和幼崽

守卫

追逐

七彩凤凰和红肚凤凰属小型鱼，对水质的要求和上述差不多，可以在水草缸内繁殖，集卵物是一个直径十几厘米的花盆，有出入口，或让其侧卧在鱼缸内，让亲鱼自由出入，亲鱼会钻入里面产卵，数天以后稚鱼会游动后便可用丰年虾幼体或灰水给其开食。

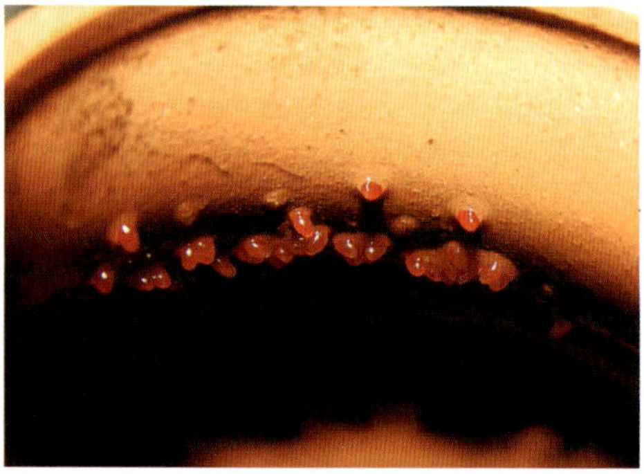

短鲷卵（红色）

●口孵鱼　亲鱼一般较大，应选择较大的繁殖缸，缸底放上沙石，亲鱼配对放入繁殖缸后，一两天内会在缸内沙上刨坑或一隐蔽处产卵，受精完成后雌鱼会把所有卵粒含入口中翻滚（增氧），十几天后一群稚鱼便会从雌鱼的口中游出来，亲鱼会精心照料它们，带领它们游动。黄帝鱼、非洲凤凰、蓝玉凤凰、阿里鱼、血艳红、皇冠六间等，都是口孵鱼，它们的产卵量不是太多，从口孵鱼嘴里游出的幼鱼也不过数十条。

需要注意的是，繁殖缸中不能有两条以上的雄鱼，否则会为争夺交配权争斗撕咬，直至弱的一方大败而逃。

## 104.鲤科鱼的繁殖

成熟的鲤科鱼的雌鱼腹部饱满，临产卵前泄殖孔红肿稍大，轻轻挤压便会有黄色卵粒排出，还有雄鱼的胸鳍上会出现“追星”（粗糙的小白点）。

本科鱼产黏性卵，亲鱼有吃卵的习惯，一边追逐产卵一边吃落下的卵粒。故产卵缸内应用柔软而蓬松的水草（如蜈蚣草、莫丝草、蕨类）布置鱼巢，压于底部，或用隔卵网隔于水底，让卵粒沉底，以减少损失。

繁殖水质是关键，一般为弱酸性软水。比较容易繁殖的斑马鱼、虎皮鱼、金丝鱼还好一点（但也有好多卵粒因水质不宜而烂掉，只能孵出一小部分鱼），而正三角灯、小三角灯、红两点、黄燕子灯等，对水质要求更高，繁殖难度更大。

繁殖前可将亲鱼分开饲养一段时间，投喂活饵催熟，同时准备一只40～50厘米长的小型缸加水加温，放入鱼巢，根据繁殖的鱼种调整水质。

趁晚间将一对亲鱼放入，也可二雌三雄，繁殖效率更高些，水温25℃左右，第二天还可将水温提高1℃，亲鱼一般在第二天或第三天的清晨产卵，是以急速旋转嬉戏的方式排卵排精。清晨检查发现雌鱼的腹部已瘪下去，水草上沾上许多晶莹的卵粒，即表示已繁殖结束，应立即将亲鱼捞出另养。

受精卵约30小时孵出稚鱼。

稚鱼三天后会游动，这时可以投喂稚鱼饵料。

撒于树桩上的卵粒

## 105.攀鲈科鱼的繁殖

本科鱼繁殖比较有趣，亲鱼入繁殖缸后，产卵前的雌雄鱼色彩明显加深，雄蓝曼龙几乎接近蓝黑的体色，在缸中来回游动，局促不安。产卵的前一天，雄鱼会在鱼缸一角的水体上部吐泡筑巢（接吻鱼不吐泡），直至第二天产卵，这种行为还会继续。

产卵的时刻开始了，雄鱼将雌鱼赶至泡巢下，身体呈“U”形，夹住雌鱼，雌鱼排出透亮的浮性卵，雄鱼随即排精，这一过程要重复2～3次。受精卵悬浮在泡巢中，产卵结束后雄鱼会继续吐泡筑巢增氧，同时将雌鱼赶走，这时应将雌鱼捞出。雌鱼产卵量1000粒左右，极小，透明，几乎看不见，受精卵约30小时孵出稚鱼，雄鱼继续吐泡、看护，并及时将掉落到旁边的小鱼衔回到泡巢中。

经三四天稚鱼会游动后投喂灰水或蛋黄液等。

## 106.彩虹鱼的繁殖

彩虹鱼的雄鱼体色较艳丽，背鳍起始线较宽，雌鱼的腹部较圆润，约10个月性成熟后，雄鱼会激烈追逐雌鱼，表演求偶的舞蹈。

繁殖可用加盖的中小型缸，缸底铺垫浓密柔软的小草，水体微微地流动，水质的要求不是很高，将原缸内的一半水加新鲜的另一半水调和即可，pH值7，硬度适中，温度25℃左右，可加3‰食盐。于傍晚将雌雄鱼放入，雌雄比例为1：1或2：1以满足雌鱼在数天内的体力消耗，一般第二天早上产卵，产卵会持续4天以上；雌鱼可能每次只产数粒卵，也可能只产1粒，卵黏性；假如卵粒足够多（已有二三百粒），雄鱼追逐频次已少，说明产卵已结束，即应捞走亲鱼，以免吃卵。受精卵的孵化期较长，约10天，稚鱼孵出后还要经三四天才会游动，然后喂给稚鱼饵料开食。

彩虹鱼的繁殖没有明显的季节区分，一年可繁殖多次。

## 107.小型鼠鱼的繁殖

鼠鱼约1年性成熟，雌鱼个体比雄鱼大，腹部也饱满得多，南美的小型鼠鱼是底栖性鱼类，繁殖缸内必须有底沙或水草，鼠鱼平时虽然比较文静，但在繁殖期内，追逐亦非常激烈，甚至会拱起石块，粗暴莽撞。

繁殖可用长40厘米的小型缸，盛水量20升已够，有过滤系统，缸内不要混养其他品种的鱼，水温22～24℃，pH值中性，硬度中软。

金松鼠带小鱼

雄鱼追逐雌鱼不久，雌鱼会把排出的卵粒用腹鳍夹起，用口对准雄鱼的泄殖孔，雌鱼将雄鱼排出的精液含在口中，然后找一个合适的位置（如叶片下面、石块空隙等处）放开卵粒，吐出精液让卵粒受精，这种行为会持续多次，产卵时间长达1个多小时。

鱼卵孵化期间注意过滤增氧，并及时吸去霉烂的卵粒，经四五天稚鱼孵出。稚鱼尾特长，多半为淡橙色、透明状，会游动后即时开食。

## 108.脂鲤科鱼的繁殖

南美脂鲤科热带鱼品种繁多，繁殖的具体条件不尽相同。

繁殖多用微型缸，水质弱酸（pH值5.5～6.5），软水（4°～6° dH甚至更低），繁殖用水必须经过精确的测试，这是繁殖成功的第一步，若水质不符，即使产卵，大部分卵粒也会腐烂。必须对水质进行过滤，同时放入鸡蛋大小的草泥丸。繁殖可用裸缸，也可以用水草缸。用裸缸繁殖，底部必须放置柔软的水草或莫丝、鹿角苔、棕丝等；用水草缸繁殖，在亲鱼产卵结束后立即将其捞开。

玻璃水晶鱼在追逐
（腹腔内卵粒清晰可见）

在放入繁殖缸之前，雌雄鱼必须分开饲养一段时期，催饲，几天后趁傍晚将亲鱼放入，雌雄比例1：1或1：2，视不同品种，遮光80%～90%，若不产卵，可另换亲鱼，并且将水温提高1～2℃。

不同的鱼产卵的情况不尽相同，有的可能在短时间内一次产完，有的经数天分数次产完。发现鱼巢上沾上很多晶莹的卵粒，雌鱼已瘦身，表明产卵已结束，立即捞出另养。亲鱼一年中会繁殖多次。

在20多个小时的孵化期内，应用很细的软管（套上一个硬头）小心吸去发白霉烂的卵粒，否则会引起氨和亚硝酸的增高而影响健康卵粒的发育，应选用功率很小的生化棉式过滤器过滤，并设置隔离罩，以防吸走卵粒或刚出生的稚鱼，如果觉得还不保险，干脆用水妖精充微气。

没有烂蚀的鱼卵会在24～36小时孵出小鱼，刚孵出的稚鱼尾巴连在卵壳上，沉在水底，好像死了一般，若轻轻敲击孵化缸，稚鱼立刻会有反应，上下蹦游（尚不会水平游动），再经3～4天的发育，待卵囊内的营养消耗殆尽，稚鱼发育完成，开始游动，这时立即以优质灰水或丰年虾幼体开食，每日投喂２次。

## 109.红鼻剪刀的繁殖

红鼻剪刀的繁殖是一种挑战，这种鱼无论是饲养还是繁殖，对水质的要求都很高。

首先挑选亲鱼，雄鱼要挑选身材匀称、个体较大的个体，雌鱼要选择腹部饱满膨大的个体，并将它们分开饲养一段时间。

繁殖用缸30～40厘米长，底部铺上低矮蓬松的水草，在箱底放上隔卵网架，玻璃缸用黑布遮光，只留前部一小孔透微弱的光。

红鼻剪刀繁殖用水要求较高，水温25～27℃，pH值6.5～6.7，硬度1°～2°dH的超软水，还要在缸中加入一些黑水或草泥丸。

水质调配好后，趁早晨放入2条雄鱼、1条雌鱼，用黑布遮严，当傍晚天暗时，打开洞前方10厘米的11瓦的荧光灯，光线通过不大的孔分散照在植物上，大约半小时后，雌鱼便会在昏暗的灯光下产卵，雄鱼排精，雌鱼每次产卵数粒，每次只有1条雄鱼参与，2条雄鱼保证了一夜中多次排精的质量。红鼻剪刀每次产卵约300粒，卵黏性。如果没有遮光，清晨亲鱼会把卵粒吃光。捞走亲鱼后，可换去部分水，并兑入同质的水。

受精卵约经18小时可孵出稚鱼，稚鱼蛰伏在水草和缸壁上，经4天才会发育完全，独立游动，然后用灰水或丰年虾幼体开食。

## 110.红绿灯的繁殖

红绿灯8～10个月性成熟。

繁殖用40厘米的小型缸，在缸底放入集卵的柔软水草或棕丝，遮光90%，繁殖用水（包括备用水）应早准备，早过滤。繁殖用水中可兑入部分蒸馏水或用去离子树脂使pH值5.6～6.5，硬度2°～3.5°dH，水温26～27℃。

繁殖前最好将雌雄鱼分开饲养一周，这样进入繁殖缸后，易于产卵。雌雄鱼的比例可为1：1，也可2：3，傍晚将亲鱼放入，pH和硬度不要一下调得很低，以免对亲鱼的刺激太大。可以在饲养缸内调低一点，然后进入繁殖缸再调低一点，直至需要的繁殖水质。亲鱼进入繁殖缸后停食，以免污染水质。

正常情况下，一般第二天亲鱼就会追逐产卵，产卵过程需一两个小时，每条雌鱼产卵量150～300粒，产卵结束后，将亲鱼捞出另养。受精卵极小，透明，未受精的卵或活力不够的受精卵会霉烂变为白色，应用实验室专用长吸管吸出（注意手不要碰到水体），同时向缸中加入微量配好的孔雀石绿（不得将溶剂直接加入缸内），使水微蓝，充微气，保持缸内黑暗。并可吸除部分缸内的水，缓缓滴入备用缸内的同质的水。

稚鱼经24小时孵出，仍需遮光，不可过滤（防止稚鱼被吸走），充微气。经三五天稚鱼会游动后投喂灰水或蛋黄液或丰年虫幼体，不可强光，只留散射弱光，让稚鱼看见食物即可。

此期间仍需用软管吸除部分稚鱼缸内的水，兑入备用缸内的新鲜水。幼鱼至1厘米时已能吞食稍大的活饵，逐渐出现色彩。

## 111.红旗鱼的繁殖

红旗鱼又名红扯旗鱼，是一种活泼而带有攻击性的鱼，和所有脂鲤科热带鱼一样，需要弱酸性软水，pH值6～6.5，硬度3°dH，在20升的小型缸底铺设柔软的丝状草作为鱼巢，温度设定在26℃，四周遮光，上盖以纸板，只留微小空隙。

将雄鱼早2～3天放进去，雌鱼放进去后雄鱼马上骚动起来，追逐示好，并排游动，情况正常的话，雌鱼排卵后雄鱼立即会排出精液，受精卵马上会散乱到水草中，这一交配的过程会重复多次，产卵结束后捞走亲鱼。这时应吸去约一半水，兑入同温同质的水，充气。

约经30小时稚鱼孵出，在遮光状态下轻轻吸去约1/3的水（在水管周围放置隔离网，防止稚鱼被吸出致残），兑入同温同质的水。四五天后，稚鱼会游动，投喂稚鱼饵料，丰年虾必须早两天培育才会同步，除过筛的丰年虾外，还可将稀释的蛋黄液均匀洒于各处。稚鱼的口太小，如果颗粒饵料太大，吞不下去，仍会饿死。

这期间仍需根据水质换水，充气，至个体稍大长至3毫米以上会吞食稍大的鱼虫，就好养得多了。

## 112.红肚铅笔的繁殖

体长4厘米的红肚铅笔产于圭亚那的内格罗河下游水域，是铅笔鱼家族中较为漂亮和饲养较广的品种。其体侧有一条黑色条纹，黑色条纹上下各有平行的红色条纹，头尖身瘦长。

这种鱼对环境的要求不高，6～8个月性成熟，雄鱼比雌鱼颜色艳丽，臀鳍及尾鳍下半部为深红色，雌鱼腹部饱满，鱼鳍无色。繁殖前，可将雌雄鱼分开饲养一段时间，并尽量以优质活饵供其吃饱吃好。

繁殖可用小型缸，水深30厘米，pH值6.5～6.8的软水。设置隔卵网，设法阻止亲鱼吃卵，用黑布遮盖，只留一小块透光，一是可以制造适宜的产卵环境，二是在昏暗的环境中亲鱼不易发现卵粒；产卵量200粒左右，产完即将亲鱼捞出另养。

受精卵根据温度经24～30小时可孵化出稚鱼，此期间可以少量兑同质的水，5天后稚鱼会游动，投喂优质稚鱼饵料，每天2～3次，每隔1天兑水1次，稚鱼稍大后捞入大缸中饲养。

## 113.虎皮鱼的繁殖

雄鱼的色彩比雌鱼深，雌鱼腹部略膨大。繁殖可用小型缸，缸底固定成丛蓬松水草或棕丝以着卵，防止亲鱼吞吃，虎皮的繁殖比较简单，只是要求弱酸性软水，pH值6.4～7.0，硬度5°～7°dH。需测试调整水质，如水质不符，虽能产卵，但烂蚀较多。

虎皮鱼6个月性成熟，视雌鱼大小和发育情况，每次可产卵200～400粒，卵黄色，黏性。产卵时追逐旋转异常激烈，亲鱼一边产卵一边吞吃，繁殖结束捞出亲鱼另养。受精卵约经36小时孵出稚鱼，稚鱼小蝌蚪状，黄色，吸附在水草或玻璃上，3天后会游动觅食，用稚鱼饵料开食。20天淡肉色的身体渐转黄，黑斑逐渐显现。

## 114.三角灯的繁殖

产于马来半岛、印度尼西亚的三角灯，繁殖难度不亚于南美的红鼻剪刀。

弱酸性的软水是成功繁殖正三角灯的关键，大体上讲，正三角灯的pH值应调整为6.5，硬度为3°～4° dH；小三角灯pH值为5，硬度为2° dH。如果是60厘米的水族箱，应加入拳头大小的草泥丸到过滤器内，进一步软化水质。

正三角灯、小三角灯喜欢产卵于叶底，所以在水族箱内应放置一些宽叶水草。

繁殖前一周，应将亲鱼分开饲养，种鱼放入后的第二天或第三天，亲鱼开始产卵，卵无黏性，散布于叶底或缸底，发现产卵结束，立即将亲鱼捞出另养，同时注意换水和过滤。

在25℃的水中，受精卵36小时可孵出稚鱼，3天后稚鱼会游动觅食，用灰水、丰年虾、蛋黄液等一两种开食。

## 115.金丝鱼的繁殖

金丝鱼6～8个月性成熟，雄鱼体略小，色彩更艳些，雌鱼腹部更为饱满，在繁殖前可以将雌雄鱼分开饲养一段时间，并喂以优质活饵。

繁殖用15升的小型缸，底部放入金鱼藻或蜈蚣草作为鱼巢，将自来水放入缸内，包括备用缸也加水过滤，充气3～4天的时间。

雌雄鱼可以按1：1或2：2入缸，水温24℃，一两天内亲鱼就会产卵，如不产卵，将水温每天提高1℃，直至28℃。每条雌鱼每次产卵150粒左右，卵极细而透明。产卵后捞走亲鱼，换一半备用水，经2～3天稚鱼孵出，又经3～4天稚鱼会游动觅食，每两天换去约1/3的水，用隔离网罩辅助换水，防止稚鱼被吸出。

稚鱼会游动后投喂稚鱼饵料，20天后会隐约出现色彩，会吞食稍大的鱼虫。

## 116.神仙鱼的繁殖

神仙鱼的养殖历久不衰，它那慢条斯理的神态，警惕的眼神，奇特的体型，一直受到人们的喜爱。神仙鱼的繁殖也具挑战性，不过随着一代代杂交品种的诞生，这种难度小了许多。

首先得准备种鱼，神仙鱼约18个月性成熟，即使已长大，雌雄鱼也不易区分，一般雌鱼较小，雄鱼个体较大，在繁殖期，雌鱼的腹部有一个小小的凸起，有黄豆粒大，其产卵管向外伸出2～3毫米，较粗，雄鱼的输精管虽然也外伸，但又尖又细。若这时形影不离，长相厮守，说明配对成功，也可将它们捞到其他缸中去单独饲养，用活饵催饲。

繁殖可用50～60厘米的小型裸缸，配置一产卵筒或石板，在放入种鱼前的3～4天，即应进行硝化过滤，并滴入2滴福尔马林消毒水体。如硬度太大、pH值过高，调整至中性至弱酸性软水，并放入约10克的草泥丸。当然，缸中也可放入大型水草，神仙鱼也可能将卵产于粗茎上，但有了集卵筒，就不必再放这种水草。在夏天室外的大池中，神仙鱼会把卵产于粗壮的茎的中上部，离水面十几厘米的样子，这也是一种安全的需要。

亲鱼放入之前，还必须对鱼缸遮光，将正对着人的一面用黑布遮严，只留下一个窥孔，灯光也以侧射光为好。

亲鱼会反复地“打扫”集卵板，它们在集卵板上轮流啄食，直至认为上面“干干净净”，然后雌鱼将产卵管伸向板面，由上至下产下一排卵粒，雌鱼退出，雄鱼接着上去排精，像犁地一样重复多次，卵没有一粒重叠，600粒左右，持续时间1～2小时。产卵后亲鱼一直守护在卵粒旁。

有两种孵化方法，一是将产卵板留在原缸中由亲鱼“照料”孵化，二是将其移入其他缸中孵化。

移入的缸中的水质必须与原缸相同，在孵化的3天内，不停地硝化过滤，可以加入2滴福尔马林防止霉变，用长吸管将霉烂的卵吸去。

如果受精卵在原缸中孵化，必须保持室内安静，不可反复张望打扰，尽量不要喂食，特别是活饵，否则亲鱼会在片刻间吃掉鱼卵。

亲鱼吃掉鱼卵，有可能是产卵经验不足，经过几次繁殖，情况可能要好得多；还有可能是受了惊吓干扰；也有可能与品种有关，譬如说红眼钻吃卵的情况比其他神仙就严重得多。但有时亲鱼在上面啄食，啄去的是霉烂的卵粒，倒是一种很好的自我保护。如一对亲鱼“恶习”不改，卵总留不住，则应淘汰。

鱼苗孵出后丝挂在集卵板或鱼缸壁上，细小的尾巴偶尔在摆动，小功率的生化过滤器会吸走稚鱼，最好还是停用，再不然用隔离网或改用水妖精充微气。稚鱼全部孵出后，立即将集卵板（筒）移走，因为上面大量的黏物会污染水质，造成稚鱼死亡。同时，用虹吸管吸去约1/2的水（小心吸走鱼苗），然后轻轻滴入硝化过滤的同质备用水，每天兑水1次。

在稚鱼会游动之前，千万不要喂食。会游动后用灰水、丰年虾或稚鱼专用饵料开食，少吃多餐，掌握好量，注意观察鱼腹，若鱼腹鼓起，说明已吃饱，若所有鱼的鱼腹都不鼓，说明饵料不足，数天内稚鱼会饿死。

## 117.七彩神仙鱼的繁殖

七彩神仙鱼的繁殖有其特殊性，譬如说水质，水质要净，亚硝酸的含量近乎为零；还有稚鱼要吸附在亲鱼身上，吸取其分泌的“乳汁”（身上的分泌液），这两点非常重要，否则稚鱼即使孵出，也会死亡。

①亲鱼的催饲。亲鱼若已配对，在饲养缸内，适当增加投喂量，饵料以血红虫、水蚤、丝蚯蚓、人工饵料交替投喂，将其养壮。七彩神仙鱼进入繁殖缸产卵后的十几天内，不但不投喂食物，还要以自己的“乳汁”来喂食数百条稚鱼，体力的消耗非常大，所以进入繁殖缸前必须将其养壮。

②繁殖缸的准备。繁殖缸的尺寸以45厘米×45厘米×45厘米左右的方形缸最好，放入隐蔽处，人的一切活动皆不宜让亲鱼看见，繁殖期间不应有任何大的声响，缸中不设过滤器，防止吸走稚鱼，只要用一个气泵带动生化棉即可。产卵筒偏于一侧，另一侧放置进水软管和出水软管，出水软管的一头用海绵扎实，防止稚鱼被吸走。不可有强光，以远端的部分散射光为宜，以防灯光突然刺激亲鱼受惊后吃卵或吃稚鱼。

七彩护小鱼

③亲鱼入缸。逐渐将饲养缸内的pH值降低，在数天内将pH值调整为5，同时调整繁殖缸内的水为pH值5，水温28～29℃(温度衔接)，如雌雄鱼产卵（精）管已伸出，将配对的两条亲鱼放入繁殖缸，正常硝化过滤，每天喂食1次，保持无粪便、零剩饵、零氨、零亚硝酸状态。每天换水1/4，兑入沉淀过的新鲜水，注意pH值的变化。

④产卵过程。产卵前亲鱼会互相并游，用尾巴互相拍打，斗嘴（似亲吻状），产卵管伸长，用嘴啄食产卵筒，表明产卵即将开始，这时雌鱼用产卵管对准产卵筒，由上而下产下一排卵粒，然后退至一旁，雄鱼用同样的方法在卵的上方排出精液，这一过程反复多次，约1小时，直至雌鱼排尽卵粒，总共250粒左右。

⑤产后管理。产后70小时停止喂食，不换水，避免因任何惊动引发亲鱼吃卵，避免水质的变化。约72小时稚鱼孵出后每天换水约1/3，同时将pH值缓慢提升至6～6.5，有利于稚鱼骨骼的形成。此期间，如水质不洁，稚鱼会死亡，死后几乎不留痕迹。

⑥吸乳期。经过5天，稚鱼已会游动，它们会吸附在亲鱼身上吸食乳液，若乳汁分泌正常，稚鱼会正常发育。若5天后稚鱼不能上身，表明亲鱼不能分泌乳汁，或pH值过高，水体不洁，则稚鱼岌岌可危。

⑦稚鱼管理。稚鱼吸食乳汁3天后，便会脱离母体游动，投喂丰年虫幼体，每日清理粪便、残饵，换水，保持水质清洁，待鱼稍具七彩雏形后将其分开饲养。

## 118.花罗汉的繁殖

花罗汉的养殖越来越火，它有一个吉祥的名字，它那高耸的寿星头，两侧地图似的五彩墨斑和银红的花纹，匀称的体型，一直受到人们的喜爱。繁殖花罗汉，种鱼最好从小养起，这样容易配对，产卵量、受精率才会高。同一批鱼中，色彩不够鲜艳，肉瘤不够高耸的，都不能留做种鱼，后代中真正具有纯正体型、高耸肉瘤、清丽色彩的不过5%～10%，因此其价格居高不下。原因就是花罗汉是由几种鱼杂交而成，后代的基因比较复杂，遗传往往表现不稳定性，分离严重，就花纹来讲，很难找到两条是相同的。

花罗汉

因花罗汉体长达一二十厘米，繁殖应用较大的缸，缸中放入集卵板或圆盘，水中氨氮含量要低，不能超过百万分之零点一，要有硝化过滤系统，溶氧充足，pH值6.5～7，要投喂优质活饵，及时清理粪便。产卵期间环境要安静，尽量不要有人为的干扰。

种鱼入缸后，雄鱼会追咬雌鱼，这种情况若不严重，几天后情况可能会好一些，若攻击严重，分开饲养一段时间，直至双方融洽共处。

发现亲鱼排卵（精）管外伸，表明即将产卵，亲鱼会“打扫”集卵板，然后在其上产卵排精，卵达1000粒左右，雌雄鱼会护卵护幼，直至稚鱼会游动。但雌雄鱼有时会“打架”，最好捞走雄鱼，由雌鱼照顾后代；也可捞走亲鱼，让鱼卵单独孵化，每隔1天应换去部分水，兑入同质同温的水。

为降低霉菌的污染，可向水中加入微量配制的孔雀石绿溶液，使水微蓝即可。

花罗汉每月可繁殖两次，一年可多次繁殖，但过频的繁殖会影响其寿命（花罗汉的寿命很长，达30年）。

# 五、水草的栽培

## 119.水草栽培的意义

在水族箱中，水草和热带鱼互相依存、互相衬托，水草能吸收鱼缸中由鱼代谢产生的有害物质，如二氧化碳、硝酸盐、磷酸盐，光合作用时还会放出氧气，供给鱼的呼吸。水草对净化环境、抑制鱼缸的有害细菌，保持水质透明，起着十分重要的作用。

水草是基本的造景材料，由此形成的绿色景观使人们有回归自然之感，享受美景，五彩缤纷的世界，动静结合的画面，在自家的小天地中便可领略。

芳草碧连天

## 120.水草的分类

水草在分类上确实比较复杂，正如热带鱼的分类一样，大家也基本上是从水草的观赏角度进行分类，这样分类虽然不很科学，但还是容易为大家接受的。从观赏的角度，我们将水草分为红色水草和绿色水草。从在水族箱中的布置来讲，我们将水草分为前景水草（低矮水草、草皮）、中景水草及高大

香菇草（前）

的背景水草。从水草的生理结构来讲，我们将其分为有茎类水草和丛生类水草。如果按照对光的需求来讲，又分为阴性水草、中性水草和阳性水草。

## 121.有茎水草和丛生类水草

有茎水草的特征就是整棵水草只有一根主茎，茎有节，叶腋伸出对生或轮生的叶子。有茎水草的生存能力特别强，只要折下一段茎，插于沙石中，过一段时间就会成活，而折断的部分从叶腋间又会长出侧枝，形成丛生状的植株。主要品种有小对叶、中柳、血心兰、红蝴蝶、珍珠草、宝塔草、艾克草等。

丛生类水草的特征是没有主茎，由同一个根的芯部不断长出叶子，向外生长。而根也会以匍匐茎的形式不断向四周扩展，由茎上又长出新的植株，这些植株会因同一条茎而连在一起，形成丛生状。若稍大后单独剪开，移于别处，便是新繁殖的一株水草。这一类的水草常见的有大（小）水兰、葱头、香菇草、小白菜、波浪草、网草、莫丝、红色芋等，这些水草大多容易种植。

有茎水草

丛生水草

## 122.皇冠草

皇冠草是水草中的大家族，有50多种，包括许多改良的品种。皇冠草也属丛生类水草，叶片长而高大，茂密而有气势，是水族箱中普遍栽种的水草。

皇冠草的主要品种有红蛋、大叶皇冠、紫叶皇冠、象耳、铁皇冠、鹿角皇冠等。

皇冠草容易栽培，不易腐烂，对光和肥的要求不是很高，价格不高。

铁皇冠

## 123.椒　草

椒草产于东南亚沼泽地区，一般不是很高大，光照中等即可，宜作为前景草或中景草。叶子呈长辣椒状，叶脉较明显，叶有皱褶，在生长良好的状态下，椒草的丛生叶子密集地堆积在一起，成蓬松状，有独特的造景效果。椒草的适应性很强，短期不会腐烂，但如果水质条件不能满足，终究不能正常生长。椒草的繁殖和皇冠草稍有不同，它的幼芽不是从延伸的匍匐茎上生出，而是直接从根部冒出，初始卷曲状，渐大后展开成叶。

椒草的品种主要有墨绿椒草、红背椒草、棕叶椒草以及高大的气泡椒草，生长良好时，绿叶转紫色。

青椒草

红椒草

## 124.水　榕

产于西非的水榕是所有水草中最坚硬的一种，在水族箱中，它不会轻易腐烂，它的叶柄、茎都很结实，短期离水后也不会死亡，但如果生长条件不宜，终究会停止生长，逐渐萎缩。水榕的生理构造和睡莲差不多，坚硬的茎像树枝一样平卧在沙石中，茎上散生许多须根。

水榕的生长很慢，不太容易繁殖，价格也很贵，主要品种有小水榕、巴卡榕等。

大水榕

小水榕

## 125.阴性水草和阳性水草

阴性水草生活在树林茂密的水域中，接受的阳光不是很充足，每天2小时的光照便可满足其生长。中性水草生活在树林相对开阔的领域或向阳的水域，每天至少要接受4小时的光照。阳性水草完全生活在开阔的领域中，对光照的要求非常高，每天要达到10小时的强光照。

目前，水族箱中的水草大部分是南美洲或东南亚的种属，大部分系我国南方通过组织培养的工业化生产而成，对环境的要求与热带鱼的生长要求是吻合的，它们大多需要弱酸性的软水，水温22～28℃。

水草价格昂贵，其实我们可以直接到我国的内河中去采集，我国内河中比较多见的有蜈蚣草、大水兰、金鱼藻、菖蒲、睡莲等，它们在20℃以上的水中会生长得很好，采来后经修剪、消毒后，即可栽入水族箱中。

睡莲

蜈蚣草

## 126.水草生长的条件

水草栽培是一个比较复杂的问题，其学问不在热带鱼之下。主要涉及光照和$CO_2$，其次还有水的酸碱度，基肥和液肥的问题。

①光。光是水草进行光合作用必不可少的条件，虽然不同的水草对光的需求量不尽相同，但大体上讲是宁多勿少。在自然界中，阳光是水草最适合的光源，而在水族箱中，是通过灯具的照明给水草提供光能的。不同的灯具，其光通量、色温和光的演色性是不一样的，达不到要求就不行。

光在空气中是直线传播的，在水中则会发生折射和散失，在水面20厘米以下，光照度会降低50%，30厘米处会降低65%，40厘米处会降低80%。而水草都是栽种在水族箱的底部，可见太深的水族箱和不合格的光源是无法让水草进行光合作用的，水草腐烂也是必然的。

前面，在灯具部分我们介绍过光通量（流明），水族箱的照明除了光通量以外，还有色温和演色性的结合，才能完成一个完美的水族箱的布光。

●色温：光在不同的时间，形成的光的质量不同，白天中午的阳光最为强烈，吸收较少，色温在8000～11000K，表现为蓝色的光线为主，傍晚、清晨的色温约3200K，表现为偏黄色的光线。平时我们的家用光源都是较低色温的暖色光源。荧光灯管有暖色系和冷色系的不同光源，水草水族箱必须兼顾这两种色温的光源。水族商店出售的蓝色、红色灯管就是对这种色温的模拟，缺一不可。

●光的演色性：指光照下的物体对不同颜色的还原程度，以自然光下的物体为照度（基准单位为Ra，值为100）。

荧光灯管Ra是85，金属卤素灯管为98，还原程度越高说明含有的光谱越多。

在水族箱中选用什么光源需参考商家的推荐和灯具说明书上的说明，笔者认为，光通量和色温是必须考虑的。你可以尝试着用两种不同的灯管结合起来照射。还有实践是主要的，假如你的水草经过较长时间不但不腐烂，还生长挺旺盛，说明你的选择是对的。

②施肥。对于水草而言，二氧化碳是“主食”，二氧化碳不足是水草腐烂的元凶。

水中二氧化碳的来源主要是空气中二氧化碳的溶入，鱼类呼吸作用的排出以及藻类、细菌的产生，对于较多的缸内水草来讲，这是远远不够的，因此必须向水中添加。在正常添加二氧化碳的鱼缸中，绿色水草更绿，红色水草更红。只要你留心一下，水族馆的一匝匝待售的水草陈列于玻璃缸的清水中，没有沙石，没有基肥，上面挂着一盏金属卤素灯，循环供应着二氧化碳，那水草的长势真是好。可是买几株回去，插于底沙中，虽有基肥，没过几天水草不是拔高瘦长就是黄烂而死。究其原因，不是二氧化碳不足便是光照不足。

水草的肥料有固体颗粒和液肥。颗粒肥料作为布缸时的茎肥或追肥使用，液肥主要是滴加，叶片吸收。

③其他原因。如水的温度和水质的原因，或是否有过滤和水流等。

## 127.水草的沉水处理

在水草生产地，大部分水草是在半旱半水的环境中培育的，作为商品草出场之前，这些水草必须经过沉水处理，让其具备沉入水中生存的能力。故消费者必须了解清楚，水草是否经过这种处理，如未经沉水处理，购买回去腐烂是不可避免的，不过，再生出来的水草，条件适宜的话，就不会腐烂了。还有，长满绿藻、丝状藻、藻刷的水草不要购买，这些水草进入你的缸中后，“传染”很快，这些藻类寄生在皇冠草、椒草等草的叶片上，吸取其营养，使其慢慢烂蚀，这时尚没有一个完全有效的方法清除。所以，要购买翠绿而“干净”的水草，不要粗心大意。

## 128.$CO_2$的添加

添加$CO_2$，目前最常用的方法就是用$CO_2$专用钢瓶将$CO_2$通入水中。$CO_2$本身具有渗透性及水溶性，将$CO_2$注入水中的最好办法就是将$CO_2$压缩液化储存于钢瓶内，然后朝水中输送。这种钢瓶有多种规格，并配有雾化装置。

打开总阀和微调阀后，必须对雾化器进行充分的调整，这种装置高速旋转时，不应看见气泡的逸出，否则大量的气泡从水面跑失，达不到供应的目的，也是一种浪费。$CO_2$雾化器应安装于水族箱底部的水草丛中，以保证水草的充分吸收。

供应$CO_2$时必须打开照明装置，而照明时不必都供应$CO_2$。$CO_2$每日供应2次，每次1～2小时。

用钢瓶供气需要较大的花费，还有一种方法就是用电子$CO_2$供应器，它将产生$CO_2$的碳棒安装于水族箱底部的水草丛中，连接着$CO_2$控制器和定时器即可产生$CO_2$。这种装置简单、高效，开支也不太大，1块碳片抵得上6瓶$CO_2$的用量，不过时间久了，得更换碳片。

钢瓶和控制器

供应$CO_2$但气泡过分逸出

还有一种$CO_2$片剂，这种片剂溶于水中后缓慢释放$CO_2$气体，每天使用2片，放于水草根部或过滤器内。

## 129.水草的繁殖

无性繁殖是植物常用的繁殖方法，它利用根、茎或叶的再生能力，栽种以后发芽产生不定根，形成一株新的水草植株。有茎水草的茎、莲的地下茎、石蒜科的地下球茎、泽泻科的侧芽以及几乎所有水生植物的匍匐茎、地下茎都可用来繁殖。

藤蔓状的栽培造型

组织培养法也是水草无性繁殖的方法，特别是那些繁殖较慢的高档水草，通过组织培养可以快速增殖，组织培养法通常是在实验室或工厂中利用营养丰富的培养基在培养皿中进行的。当培养皿中的组织发出根、芽有1～2厘米后，再由专门的培植户购回在自己的培养池内作为商品草培植。

在水族箱中，生长旺盛的水草过一段时间便会长得杂乱无章，受小区绿化带的启发，你可以对水草进行园艺式的修剪，譬如斜坡形状、球形、波浪形等，修剪水草也是水族箱造景的内容之一。

## 130.四季护理

除了上面讲的修剪以外，还要及时去除腐烂黄叶，有茎水草通过修剪顶部的嫩芽可以减缓水草向上的生长速度，迫使水草向丛生生长。要及时除苔，不能造成藻类在水草上的滋生，特别是水草刚栽种下去的一二十天内，是最容易滋生藻类的时候，这时可以放养一些食藻的鱼类如小精灵、黑玛丽、螺类等。新开的鱼缸，底肥还没有释放出来，而水草可能还没“苏醒”过来，有的只有茎叶，无根，或根未扎牢，这时可以补充营养供其生长，施液肥时第一次要足量，以后每天加少量铁肥，促其“苏醒”成活。

## 131.将水草植入水中

水族箱水深数十厘米，通常手臂不便伸入水的底部，也不安全，我们可以用水草钳植入水草。水草栽种不可太浅，以免浮起，栽下以后应用底沙将其壅好。

种植水草

## 132.水草鉴赏和栽培要点

北极杉草

株高20厘米。适应性强，比较容易栽培，生长快，适宜18～30℃，pH值6～7，4°～10° dH的水质，喜中强光。

红蝴蝶草

原产东南亚，叶卵圆形，稍长，对生，略卷。水上草为泛黄或泛黄红的圆形叶，茎顶绽放粉红色穗状小花；水中草为卵形或长披针形薄叶。适宜22～26℃，弱酸性软水，强光，供$CO_2$，栽培有一定难度。

宝塔草

叶羽状环生，株形由下而上逐渐变小，呈宝塔状，水温20℃以上，宜强光，供$CO_2$，品种较多，扦插繁殖。

大卷浪

又名波浪草、海带草，叶片长呈扭曲状，高数十厘米，株型优美，在水面上绽开穗状集合花。中强光照，幼苗期生长慢，容易栽培。

红菊

掌状叶对生，开花时形成浮叶，花白色，弱酸软水，栽培稍难，需强光和供$CO_2$。

水竹

产于印度、印度尼西亚，水陆两生，喜温暖湿润和阳光，也耐阴，生长快。根系纤细，对土壤和水质要求不严，扦插、分株、种子皆可繁殖。

矮珍珠

产于新西兰，叶片卵圆形，低矮状丛生成覆盖面，高2～3厘米，适宜25～26℃，弱酸性软水，中等光照，忌高温，前景水草。

中柳

又名大柳，产于东南亚，抽水性沉水水草，叶绿色，狭长，对生，生长良好的植株节间短，侧枝多，株型优美，适应性较强，易栽培。

宽叶太阳草

细叶太阳草

宽叶太阳草是有茎水草，叶宽，较厚，适宜pH值6～7、低硬度的水，需强光和$CO_2$。原产南美洲，属谷精草的一类，而细叶太阳草属TONLNA草的一种。变异品种较多。

箦草

也称柳叶草，原产于东南亚，株高10～15厘米，适宜弱酸性水质，强光，铁肥需要较多，生长迅速，采侧芽生长分枝。

鹿角苔

在世界范围内广为分布，品种稍有不同。水中、水上均可生长，一般为群生浮性草。叶深绿色，叉状两裂，然后又两裂，呈几何级数增加，繁殖很快。这种水草经长期人工栽培已完全水中化，但开始移植时应将其固定于沉木或岩石上，栽培条件尚不苛刻，忌高温。

罗贝力草

这种原产北美洲的圆叶水草的生长能力很强，会不断生出侧枝，形成丛生的效果。株型美观，株高15厘米左右，适宜中性水质，光照量中等，容易栽培，耐稍低温度。

扭兰

别名苦草，叶狭长，成扭曲状，具匍匐茎，无叶柄。栽培时应施足基肥，初始生长较慢，保持水质清洁，增强光照，定期施肥，一般中性水质即可。栽培容易，但不要离水运输。

青荷根

原产欧洲、日本，成株高30厘米左右，块状茎，叶柄长，叶圆形，有波浪皱褶，适宜20～25℃，pH值7，2°～8° dH的水质，中低光照，耐低温，易栽培。

水罗兰

这是一种产自东南亚的外形和水芹相似，但比水芹粗壮的有茎水草。高近20厘米，叶羽状，柄短，生长较慢，需充足的光照，否则栽下不久会烂叶、掉叶，对水质的要求不是很高，主要是光、肥要充足。

睡莲

这是在我国广为栽培的莲科植物。地下茎坚硬粗壮，横卧于沙土中，根须白色，初始叶片呈卷曲的三角苞形，伸出水面展开后呈圆形，需强光、大肥大水，否则生长缓慢。可切取带芽的地下茎繁殖。

小白菜

这种水草的外形和食用白菜的外形差不多，产自美洲。叶片互生，水上草为放射状淡绿色匙状叶片，水中草小型化，叶厚。由茎节长出侧枝，栽培需高光量和供$CO_2$。

香菇草（前）

产于欧洲。抽水性多年生草本，地下茎四处横走，新生茎不断长出芽和叶，叶柄长达20～30厘米，叶呈圆形香菇状，叶缘有细小钝锯齿。茎节间长出花柄，开白色伞状花序小花。适温18～22℃，栽培还算容易，地下茎切块繁殖。

叶底红（红玫瑰）

产于北美洲，直立茎，卵圆形叶，叶面为绿色，叶底葡萄红色。水质的适应范围较广，在pH值6～8、2°～15°dH水中生长良好，但需要的光照和肥料较多。

紫色芋

又名红色芋，莲科。产于东南亚。块状茎，叶片为三角形，开裂，红茶色，至水面成浮叶。适宜弱酸性软水，强光，性强健，易栽培，切茎繁殖。

虎耳

又名小对叶、苹果草。产于欧洲、美洲。叶长圆形，对生，茎直立，生长良好的节间距离短，性强健，易栽培，但生长速度较慢，中等光照。

三角莫丝

产于非洲南部。抽水藿类。线状叶暗绿色，在线状茎上互生，不断分出侧枝，互相纠缠而成丛生状态，附着在沉木或岩石上生长，须绑扎固定，对水质的适应范围较广，忌高温，是造景的好材料。

血心兰

双子叶植物，挺水性水草。高10～20厘米，直立茎，水上草呈披针形，水中叶略大，叶缘稍卷曲，具有酒红色至朱红色的水中叶。血心兰喜强光，光线不足或水温偏低时易落叶，对水质的变化适应性较强，肥料较少或$CO_2$不足时，叶色渐淡。

小龙鞭

又名水蒜，原产西非热带水域，适宜中性、弱酸性软水，水温22～26℃，这是一种完全没入水中的植物，具小鳞茎，叶面有明显的皱褶，植株高长，但水族箱内多小型化，开伞状花序，白色，水族箱内开花不易，需较强光照。

# 六、水族箱造景

## 133.水草是造景的主角

水草是水族箱内造景的主角，同时又是弱小鱼儿的避风港，鱼缸因水草存在而充满生机，盎然的绿色会带给你田园般的享受，装饰水草缸，可以充分发挥你的想象力、创造力，没有什么定法，但也可参照一些好的造景范例。在水族商店，一棵新的水草，总会对你产生不小的诱惑力，激发你购买的冲动，不少的玩家干脆就是玩水草缸（其实鱼还是要放上几条的，毕竟都是互惠的）。

像养鱼一样，培养水草也是一门学问，也需不断地钻研、实践。

市场上的假水草（塑料水草）种类繁多，有的几乎可以以假乱真。然而，假水草除了装饰外，没有净水功能，对于真正喜欢水草的鱼友来说，至多用上几株，夹杂在真水草中，点缀一下而已。

水族箱不但是养鱼养草的工具，更是一种现代流行的装饰品，它给生活带来美的同时，也提升了家居装潢的档次。水族箱造就出的动态、静态景观，灯光下的热带雨林气氛，山石碧草，小桥沉木，使你足不出户便可领略优美的田园风光。在“美丽的梦幻者”“少女的祈祷”等小夜曲的抒情旋律中，你沏上一杯茶，独自坐在水族箱旁，你会陶醉：美就在眼前。

野草常枯荣，缸中四季春

## 134.水族箱的品种

水族箱从外观上分为子弹头式、背靠式、自制式，其中前两种是带有底柜的。子弹头式水族箱有三面观赏角度，适宜放在客厅、玄关处，还可起到屏风作用。背靠式水族箱后部靠墙，基本上只有一面观赏角度，箱后要粘贴背景幕，适宜放于居室、会客室内。自制式水族箱的形式多样，基本为五面体，其中在边角部分镶贴天蓝色或银灰色的边条，不但增加强度，也有很好的装饰效果。

水族箱的长度有多种规格，小缸花费不多，易于管理，初学者可选用60～90厘米长的鱼缸。而盛水数升的微型缸是饲养孔雀鱼、斗鱼、丽丽鱼的不错选择，放置于卧室、案头，别有一番情趣。饲养龙鱼，多用1米5以上的大型缸。

设备配套齐全的水族箱

老式水族箱

立式水族箱

挂壁式水族箱（上）

## 135.水族箱的安放位置

水族箱尽量不要长期放在阳光直射的地方，否则会滋生大量藻类。

水族箱应尽量靠近水源和下水口，否则要备有较长的软管排水，而排水多利用虹吸现象或直接用排水泵抽排。

水族箱的安放要保持水平，水族箱底柜装好后，检查其上部，绝对不可有凹凸或弯曲，最好在箱体和玻璃缸之间垫上一块平整的塑料泡沫。水族箱不要放于木地板上，因为经常性的换水操作会把木地板弄湿。

## 136.装饰石

水族箱的装饰石有天然石块和人工制作的“石头”，天然石主要有太湖石、页岩、珊瑚、木化石以及变质岩等。在考虑布置石块的时候，适酸性鱼类的用石不要含有石灰质。装饰石的造型特别重要，没有一个好的造型，为放石块而放石块，显得特别死板和别扭。用胶质土制成的人造石造型比较多，但细看上去，缺乏真实自然的感觉。

水族箱空间有限，布置的东西比较多，装饰石不可过大，稍大的只要一块即可，否则会喧宾夺主，甚至弄巧成拙。但在以石块造景为主的三湖慈鲷水族箱中，石块的布置可复杂一点。

木化石

太湖石

珊瑚石

## 137.沉　木

沉木是质地紧密的老树枯死后经长期的日晒雨淋和沼泽地的长期沤制炭化而成，它质地坚硬，在水中不会浮起，不会腐烂。普通的树木、树根放入水中会浮起来，时间不长就会腐烂，产生腐殖酸，这种腐殖酸虽然对鱼不会有多大危害，但它会影响观赏效果。

沉木的造型很多，是造景必不可少的好材料，一根沉木横亘在水中，上面生满了莫丝，能造成古老的原始森林中树木倒塌、布满绿苔的效果，这种深远的意境会带给你遥远而丰富的想象。

目前市场上的沉木大多来自东南亚，相比来自非洲的沉木价格要便宜许多。沉木的规格有LL（超大号）、L（大号）、M（中号）、S（小号）、SS（小号），绑扎于沉木上的水草主要有水榕、鹿角苔、莫丝。这类水草的根部比较发达，犹如陆地植物“爬山虎”，见缝扎根，善于攀援，主要以叶片吸收养分，无须伸入沙中即能顽强地生长。

绑扎水草的细丝的颜色要跟水草的颜色一致，扎好以后从外观上不易被发现，即使有一点痕迹，当水草丛生遮住绑扎的细丝后，便什么也看不见了。

沉木

## 138.水草种植的数量和构图原理

大部分水草的价格不低，初涉水草缸的人，总怕水草养不活，零零星星种植几株，似乎有一些水草就够了。另外，销售商的一口价，包括水族箱、热带鱼、水草等所有东西，他们上门装缸时也不会给出多少水草，除非先有个约定。

实际上，水族箱中还是适当多种一点水草为好。一般来讲，每10厘米的长度至少应种6株，如90厘米的水族箱，至少要种54株以上，适度密植的水草不但会有整体的美感，而且有利于水族箱内水质的稳定，抑制有害水藻的滋生。

当然，也不是越密越好，太密了互相之间遮挡光线，不利于水草成活期的过渡。

●构图原理

自然构图：由前向后渐高，逐渐倾斜。

波浪形构图：密集的水草呈起伏的波浪状。

错落构图：分类成丛状摆布，包括长方形、球形等。

水岸即景

## 139.红色水草的点缀

红色水草通常栽于水族箱中绿色水草的中部或偏于一侧的部位，几株或十几株栽成一丛，它是绿色水草的陪衬，可起极好的点缀作用。红色水草的种类有红蝴蝶、血心兰、红色芋以及红菊、叶底红等。

## 140.底 沙

在水族箱中，底沙起着固定水草的作用，犹如庄稼长在土壤中一样，沙石本身没有肥力，所以在沙石中要施以底肥。

底沙的种类、色彩很多，有石英沙、黑金沙、黄金沙，它的颗粒一般在4～6毫米，过粗过细皆不宜。

日本人首先发明使用的ADA泥是一种用腐殖质黑土做成的碇状颗粒，呈弱酸性，放入水中后短期不会崩解，且一开始不必添加任何肥料，水草容易成活。但是，使用ADA泥换水是个问题，换水时它会把缸水搅得很混浊（无害的混浊）。

其实将底沙（譬如80%）和ADA泥（譬如20%）混合起来使用，倒不失为一好办法，这有利于水草栽种后的“苏醒”和后期水的管理。

这几年市场上流行陶瓷沙，它的透气性比较好。

ADA泥

铺好底沙的鱼缸

## 141.各种水族玩具

各种水族玩具对水族箱的造景都有不小的作用，譬如小亭、拱桥、栅栏可以设置成江南水乡风格的造景，荷兰屋、大风车可造成欧洲风格的造景，破船、骷髅、贝壳易造成海底世界的效果，至于山石、沙砾、岩洞那是非洲风格的造景。这些玩具、饰物摆放不可过多，以免喧宾夺主，占据空间，甚至东西方风格的造景会自相矛盾，不伦不类。

白发渔樵

大彩轮

## 142.其他小动物

一些小动物如水晶虾、黄金虾、猪鼻龟、小青蛙、斑马螺等，既可装饰也可除藻。

斑马螺

## 143.装缸程序

(1)将淘洗过的底沙的1/3与基肥拌匀，铺于缸底，然后将另外2/3的底沙再铺于其上，前低后高，铺设厚度6～10厘米。

(2)安装设备：

①将内过滤器安装于底部一侧（复杂的底部过滤的可由专业人员安装）。

②将加热管调至适当温度，安装于底部另一侧。

③如有$CO_2$供应器，将扩散筒（或碳极）装于底部一侧。

④将温度计装于玻璃正面的一侧。

⑤将沉木和装饰石装于偏后偏右（或偏左）的部位。

⑥在上部安装灯具。

（3）加水：为防止水流冲散底沙的造型，溶失基肥，须在水流的下面垫一瓷片，加水量一小半。

（4）根据在桌面上摆布好的造型，在水族箱中栽种水草，尽量将水草栽至缸底，以防浮起。加另一大半水，高度至水族箱上沿即可。底部过滤的以下部过滤盒的水达到水位线为止。

（5）加入水质安定剂、复合液肥、硝化细菌。打开$CO_2$供应系统、灯光、过滤系统，让各系统试运转。

（6）2天后试养数条小鱼，以除苔而易养的孔雀（1～2条）、黑玛丽（1～2条）、小精灵（或青苔鼠1～2条）为主。

（7）4天后测试水质，主要检测pH和硬度，根据准备放养的鱼的种类对水质进行调整。

（8）检查水温，放鱼，3天内不投喂。

（9）观察鱼的色彩是否黯淡，游动是否活泼。水草尚未扎根，部分水草可能浮起，浮起的需重栽。出现的黄叶应剪除，少量死去的水草要扔去（有些水草可能原来的老叶烂去，新芽已冒出，不要误认为死去）。总之约经1个月，水草才会醒来，开始扎根，“休眠期”才算度过，硝化细菌才能达到一定量。水泵的功率不可过大，以免将水草冲起，将鱼冲得东倒西歪。

## 144.放鱼后必做的工作

①观察。

②每日加入数滴液态铁肥。

③$CO_2$供应系统、灯光每日至少开通6～8小时。特别是$CO_2$，应充分雾化，过滤泵正常开启（或间隙性工作）。

④稳定后每日投喂1次即可。

⑤一周后测试一下亚硝酸的含量，若其浓度在1毫克/升以下，对鱼没有危险，若偏高，可用市售的亚硝酸测试剂和去除剂调整，或部分换水。

新设的鱼缸对鱼有约1个月的危险期，这段时间水草还未扎根，硝化细菌可能还没有达到一定的数量，无力去“吃”掉水中的毒素。如有什么问题，需进行总结，是不是培养室太小，滤材太少，把“关”不严，如此则需加大硝化功能；还有是不是养的鱼太多，或投饵多，排泄物太多会使硝化细菌不堪重负，毒物不能清除，就要控制投饵或减少鱼的数量。总之，新缸不能靠频繁换水来解决亚硝酸的毒性问题，换水虽然能去除一部分毒素，但也会换掉本来就不多的硝化细菌，给鱼造成刺激，况且换水也是一件极麻烦的事。

## 145.不同风格的造景赏析

霞片入水中，锦鳞拨清波

涧户寂无人

室雅何须大，有缘即生机

芜园双石

清溪伴晚

# 七、防病治病攻略

## 146.热带鱼患病的原因

热带鱼患病的原因主要是致病因子的刺激，包括物理刺激（如水温剧变、高低温、光照不宜等），化学刺激（如水中过量的亚硝酸盐、氨、消毒药品等），生物性病原体的刺激（如各种致病菌、病毒、寄生虫）。热带鱼自身抵抗力下降，或根本不能承受这种刺激，是导致患病的内因。

① 水质、水温不宜。热带鱼在放进、捞出以及运输过程中，pH和硬度、温度和原水体差异过大；水温偏低，长期在低限温以下；夏季室内或室外的水温过高；鱼的密度过高，排泄量大，没有及时调控，过滤能力不强，导致水中氨、亚硝酸盐过量而致含氧量降低等。

② 投喂过量。过量投喂，饵料剩在水中，引起变质，如水质酸臭、氨增加、氧减少。投喂过量，鱼吃得太多，易因腹胀而致病。

③ 病原体入侵。投喂的活饵未经冲洗，腐烂变质，细菌太多或带有寄生虫；购进病鱼混养一缸，已经发病的鱼和健康鱼共用器物交叉感染。

④ 损伤碰伤。在捞鱼操作过程中擦伤、碰伤鱼体，大鱼将小鱼咬伤，跳落地面受伤等，易引发烂鳍、肤霉、竖鳞等病。

⑤ 营养缺乏。常因投放鱼饵营养不平衡，造成鱼的营养缺乏。

## 147.怎样判断鱼已生病

色彩黯淡下去，不像以前那么活泼，懒于游动，久沉水底或久浮水面，久团于一角。停食。背鳍倒伏，各鳍不展。体表有溃烂、血丝、红印、白点、灰白菌丝，鳍破损。肛部拖有细长粪便甚至有黏液渗出，无力无神，水流会将它冲得东倒西歪，甚至弱小的鱼儿也去啄它一口。以上症状有一种或兼有数种，即说明热带鱼已患病。

## 148.防病攻略

①把鱼养好、养壮。在饲养条件相同的条件下，同一个缸中的热带鱼，有的患病，有的不患病，有的先患病，有的后患病，说明鱼的抵抗力存在着个体间的差

异。这与鱼的体质有关，所以平时要将鱼养好养壮，保持良好的水质，建立一个茂盛的水草缸，交叉投喂各种活饵。

②“养鱼先养水”。鱼缸中没有野外河流天然的净化能力，只有靠人为的管理来调控水质，水中无毒素、无污染，水质水温适宜，鱼就不会患病。饲养管理要有规律，不可随心所欲地“三天打鱼，两天晒网”，养鱼要“养”，要通过书刊的阅读和实践，做养鱼的有心人。

③做好检疫消毒工作。新购的鱼不要一下放入自己的缸中，要仔细观察，确定无病后，再放入自己的缸中，最好能用2%的盐水加百万分之五的高锰酸钾浸泡片刻再入缸。有条件的话单独饲养两三天，确定无问题再并入鱼缸。

④不要损伤碰伤鱼体。碰伤擦伤、大鱼咬伤小鱼、鱼蹦掉地面，这些外伤会引发疾病。

⑤不要喂腐烂、发霉发臭的饵料。

⑥保持生活环境稳定。如换水、消毒等，要注意水温、pH、硬度的一致，不可大起大落。譬如从水温24℃的缸中捞进21℃的水中消毒处理，过一会儿又回到24℃的水中去，这样就很危险。

## 149.常用药物的适应范围和使用浓度

①高锰酸钾：紫红色结晶体，易溶于水，对于细菌性疾病烂鳍、烂肉等有一定疗效，对三代虫、指环虫、口丝虫有一定疗效。泼洒浓度1.5毫克/升，高浓度药液用于鱼缸、器具的消毒。

②孔雀石绿：绿色颗粒状晶体，在热水中溶解快。对真菌引起的肤霉病有良好的治疗效果，对小瓜虫、指环虫、斜管虫等也有一定的杀灭作用。浸泡浓度为10毫克/升，可与福尔马林结合使用。

③红汞：红色液体，滴入水中呈翠蓝色，对小瓜虫具特效，亦可用于创面的消毒处理。泼洒浓度每100升水加1毫升，浸泡浓度每10升水加0.5毫升。

④硝酸亚汞：剧毒汞剂，白色晶体，潮解后呈淡黄色，对小瓜虫具特效。慎用，浸泡浓度不超过0.5毫克/升，5～10分钟。

⑤福尔马林：有浓烈刺激性气味，稍有结晶，广泛用于细菌、真菌性疾病的治疗，对小瓜虫、三代虫也有杀灭作用。浸泡浓度0.2毫升/升。

⑥呋喃唑酮：又名痢特灵，黄色结晶粉末，医用常做成片剂。是治疗肠炎的良药，并广泛用于皮肤病的防治。浸泡浓度20毫克/升。

⑦敌百虫：有机磷农药，高效、低毒、低残留的鱼用杀虫剂。90%敌百虫晶体稍有臭味，易溶于水，对鱼虱、锚头蚤、三代虫、指环虫等疗效显著。浸泡浓度10毫克/升。

⑧食盐：白色结晶体，易溶于水，广泛用于细菌、真菌性疾病的预防和辅助治疗。泼洒浓度0.1%，浸泡浓度2%（5～10分钟）。

⑨漂白粉：水域净化消毒剂，灰白色粉末，有刺激性氯气味，微溶于水，充分溶解后再泼洒。对细菌、真菌、病毒有较强的杀灭和抑制作用，广泛用于水体、鱼缸、器具的消毒。泼洒浓度不超过1毫克/升，浸泡10毫克/升（10～120分钟）。

⑩硫酸铜：蓝色结晶体，无味，易溶于水，在空气中潮解渐失去结晶变为白色，但不影响使用。该药对车轮虫、口丝虫、鱼虱等寄生虫有杀灭作用，对细菌和鱼缸中的藻类以及水螅也有杀灭或抑制作用。硫酸铜渗透慢，为加速药效，常和硫酸亚铁结合使用，每月使用不超过2次。使用浓度：泼洒硫酸铜0.2～0.5毫克/升，硫酸亚铁0.2毫克/升，浸泡10毫克/升（20分钟）。

⑪硫代硫酸钠：又名大苏打，白色透明颗粒，略臭，易溶于水，用于自来水除氯。浓度10毫克/升（50升水加8粒）。

⑫碳酸氢钠：又名小苏打，白色粉剂或片剂，可溶于水，碱性，pH调高剂。

⑬磷酸二氢钠：白色结晶体，易溶于水，酸性，pH调低剂。

⑭二氧化氯：具有高效、广谱、快速的杀菌能力，对细菌、真菌、霉菌、病毒具有强力杀灭作用，杀菌能力是一般氯制剂的5～10倍。对烂鳃、赤皮、出血病、烂尾、水霉、眼病等具有极佳疗效。有片剂、粉剂、溶液。浸泡浓度不超过百万分之十。

市场上鱼药种类繁多，商品名不一，什么“××宝”“×救”之类，基本上是配制好的孔雀石绿、呋喃西林、漂白粉等溶液。

## 150.药品浓度的表示

最常用的浓度单位是ppm（现为非法定计量单位），即百万分之一，如4ppm，表示含药量百万分之四，1000千克含药4克，100千克含药0.4克。也可用毫克/升表示，即每升水中用药的毫克数。还有一种表示方法是百分比（%）和千分比

（‰），即药物在溶液中的百分比或千分比。

## 151.家庭常备药物

一般常备固体药物，保存长远；配好的溶液时间久了容易失效。家庭常备药物有以下几种：孔雀石绿、硫酸铜、高锰酸钾、硫代硫酸钠（海波、大苏打）、敌百虫、呋喃唑酮、漂白粉（或二氧化氯）、红汞（液体）、福尔马林（液体），密封保存。

## 152.用药注意事项

热带鱼患病时，饲养者应回顾前一阶段的饲养和操作情况，判断是什么原因引发鱼病，患何种疾病。只有这样，才能有的放矢，对症下药。

对那些患传染病的鱼，要立即进行隔离治疗。

饲养者对各种药物的适用范围、常用剂量、配制方法要非常熟悉。譬如硫酸铜、孔雀石绿溶解慢，一定要先用热水溶解，否则未能溶解的颗粒进入水中会灼伤鱼体或被误吞；硫酸铜、孔雀石绿不要接触铝质金属容器，否则容易发生置换反应而失效；漂白粉和敌百虫不要和碱性药物混用，否则易失效。

药液要现配现用，否则有些药液易渐渐失效。药液浸泡时，人不要离开现场，不要忙于其他事而忘记盆中的鱼儿。浸泡时间可灵活掌握，浓度偏高时，时间略短些；反之，时间略长些。浸泡的水温和原缸中的水温必须一致，因为鱼本身已经患病，不能再经受温差的刺激。泼洒后也要注意鱼的反应，万一出现了中毒症状，应立即吸去缸中的部分水，兑入新水。傍晚不得泼洒，以防中毒后在夜间不能发觉。

投饵应在用药前，用药过程中不得投饵。内服药饵时，应先停食1天。

重复多次使用同一药物易造成热带鱼中毒以及病原体的抗药性，多种药物交叉使用能取得较好的效果。

向鱼缸中泼洒杀菌药物会同时杀灭硝化细菌，伤及水草，不到万不得已，不要向鱼缸中泼洒杀菌药物。万一泼洒了这些药物，过后要向水中补充大量的硝化细菌。

对昂贵的鱼，如龙鱼、花罗汉、魟鱼、异型鱼等，用药应十分慎重。

对于鱼病要发现早、隔离早、治疗早，治疗鱼病要有耐心，大多数的鱼病治疗周期较长，要多次用药才能奏效，有些病还不一定能治好。治好或治不好都要进行总结，以利于自己饲养水平的提高。

## 153.白点病

白点病又名小瓜虫病。小瓜虫是一种单细胞的原生动物，适温15～20℃，传染迅速，本病症状为鱼体表及鳍部分布大小不一、不规则的白点。小瓜虫寄生在鱼体表面，吸取体表组织的营养，寄生后鱼体渐瘦、充血、呆浮，食欲降低或停食。本病多因水质老化、肮脏、过分浓绿而导致热带鱼抵抗力下降引起，经常处于低温状态也易得病。

治疗可从以下几个方面入手：

① 每3千克水加红汞0.5毫升，浸泡30分钟，然后用药棉蘸红汞轻轻擦去白点，用清水清洗干净后放入原缸。或每100千克水用1毫升红汞液泼洒，每日1次，连用2次。

白点病

②每3千克水加硝酸亚汞3毫克，浸泡5分钟，每日1次，1～2次可治愈。

③2千克水加1毫升福尔马林，溶入1/3米粒大孔雀石绿，浸泡病鱼20分钟。或100千克水用福尔马林2毫升加0.1克孔雀石绿泼洒。

④利用小瓜虫不耐高温的特点，将水温提高到30℃,连续2～3天，幼虫即可死亡。

## 154.肤霉病

肤霉病又名水霉病，是由伤口感染水霉菌引起的。病鱼体表破损处滋生灰白色菌丝，如不及时治疗，菌丝渐长，范围渐大，伤口发炎、充血，体渐瘦。本病发病周期较长，病鱼不会马上死去。未受伤的鱼不会感染本病，故平时操作要小心，不要碰伤鱼体。

治疗可从以下几个方面入手：

① 同治白点病③。

② 2%食盐溶液浸泡30分钟。

此病早中期一般都可治愈。

## 155.烂鳍病

此病由单胞菌感染，初始鳍边缘发白变薄，轻度溃烂，继而溃烂渐大，有黄白色粉状物附着堆积，鳍条鳍基充血，呼吸系统感染，停食，呆浮，呼吸困难。

本病多由热带鱼不能适应新的水质，皮肤黏膜受破坏引起，尤以七彩神仙鱼、红眼钻神仙鱼及脂鲤科鱼易患此病。新设立的鱼缸自来水一定要搁置5天以上将氯曝尽，有条件的可掺一些池中的老绿水。放鱼之前，水质要调试一下。

治疗可从以下几个方面入手：

烂鳍病

① 呋喃唑酮每3升水20毫克，浸泡30分钟，并向缸中泼洒含药量为每100升水0.2克的呋喃唑酮，隔2天再用1次。

② 低浓度高锰酸钾溶液（微红）加孔雀石绿溶液（微绿）浸泡20分钟，并泼洒，使含药量为每100升水0.1克。

③ 漂白粉泼洒，含药量为1毫克/升。

④ 向水中投入抗生素，以水的重量比照人体重量确定用药量。

⑤ 呋喃唑酮或红霉素配制药饵投喂。

## 156.烂肉病

烂肉病又名腐皮病，初体表出现红斑，继而红斑处掉鳞，露出皮肤，皮肉溃烂，各鳍团而不展。病鱼懒于游动，停食或半停食。多因水质老化、不洁、有机质含量高，单胞菌感染而引起。一般剑尾鱼、斗鱼以及地图鱼等一些大型鱼易患此病。饲养中应注意水质调控，定期换水，投放硝化细菌，保持生态平衡。治疗可参见防治烂鳍病。

## 157.肠 炎

病鱼游动无力或蛰伏池底，身体发暗，泄殖孔处有黄色黏液流出，食欲下降或停食。此病多因食物不洁、霉变或不能消化，引起肠道发炎。平时不要投喂发霉变质的饵料，捞回的鱼虫也应冲洗。

治疗时，对尚能吃食的鱼用呋喃唑酮或红霉素及水族商店出售的内服药配制面团投喂。

## 158.烂鳃病

病鱼鳃丝白烂，严重时缺损，露出鳃骨，身体发黑发暗，体表黏液增多，久浮水面，游动无力，呼吸困难。此病多与水质不良、经常缺氧、折腾、体质不良有关，车轮虫或指环虫及黏孢子虫等密集寄生鳃部引起的细菌、真菌感染是引起烂鳃的外部原因。平时要保持良好水质，把鱼养壮，定期做好消毒灭虫工作。

治疗可从以下几个方面入手：

① 3升水加90%晶体敌百虫50毫克加呋喃唑酮50毫克，浸泡20分钟，或每100升水加200毫克的呋喃唑酮加40毫克敌百虫。

② 泼洒漂白粉0.1克/100升水及0.1%食盐溶液。

③ 敌百虫加抗生素（抗生素的用量比照人体重量），并用紫外线灯照射，隔2天再用药1次。

## 159.出血病

出血病初期在尾柄、鳍基出现小块红斑，继而扩大，嘴部鳃盖张合无力，呆浮，反应迟钝，并有烂鳍等并发症，停食直至死亡。此病多因水质急剧变化，热带鱼感染弧菌、病毒（或兼而有之）而引起。在混养的缸中，以神仙鱼先得此病。发现病鱼应立即隔离饲养，病情严重的可抛弃。

出血病

治疗方案：每50升水加0.2克氯霉素和0.2克盐酸林可霉素入缸，或七彩灵（按说明书使用），或紫外线杀菌。

## 160.竖鳞病

病鱼周身鳞片竖起，如松果状，鳞片基部充血肿大，易脱鳞，眼外凸，倦怠无神，常静伏缸底不动。此病多因操作外伤、水温偏低而引起热带鱼神经系统紊乱、内分泌失调所致，多发生于成年鱼及气温较低的季节，无传染性，病鱼也不多见。预防应注意适温饲养，不要碰伤鱼体。

治疗时可用食盐、呋喃唑酮及抗生素。药饵中加激素。

## 161.黑体病

以神仙鱼及七彩神仙鱼最易得此病。多由水温突然下降或水温长期偏低导致热带鱼抵抗力下降，细菌侵入鱼体而引起。初起鱼体色发黑，各鳍倒伏，鱼体缩小，掉鳍膜，常隅于一角或沉伏缸底懒于活动，渐瘦而亡。

治疗方案：提高水温至30～31℃；加盐使缸内浓度达0.2%；氯霉素4毫克/升水加呋喃唑酮2毫克/升水，以上三种方法并用。也可用七彩灵治疗。治疗期间可投喂少量活饵，如拒食可不投。

## 162.朦眼病

病鱼一侧或两侧晶状体混浊，严重时一侧或两侧眼球脱落，头部呈空洞状，惨不忍睹，因失明疼痛饥饿而死。显微镜下解剖鱼体组织观察为尾蚴状的寄生虫，周边有一小圈一小圈红黄色的荧光，初步判定为三代虫或指环虫。寄生虫侵入体内无药可治，在投喂捞自河沟的水蚤的水族箱或室外缸池的鱼时，应定期做好灭虫消毒工作，以预防为主。常用药品及剂量为：90%晶体敌百虫20毫克/3升浸泡或硫酸铜10毫克/3升加硫酸亚铁2毫克/升浸泡。

朦眼病

# 后 记

历经半年多的时间，本书终于编写完成。如释重负之余，不免多了一些担心，不知拙作能否合乎广大读者之口味，亦不知本书能对读者的养殖起多大的指导和辅佐的作用。欣慰的是，许金梁先生对本书的编撰提出了许多宝贵的意见，提供了不少资料，许先生是上海动物园的专家，同时也是上海市摄影家协会的会员，本书精美图片亦是出自先生之手。先生现在沪上经营着一家大型水族馆，虽然我跟先生合作了十几年，但还是要说上一声：谢谢！

其实，热带鱼的饲养并不难，关键是循序渐进，掌握规律，还有阅读书刊和饲养实践是同等的重要，单纯看书，有时不知其所以言，不看资料，自己摸索，不免带有盲目性，失误也在所难免。同行或鱼友的交流也很重要，闲谈和沟通有时会比书本知识留下更深的印象。寄语读者诸君，还是书中那句话，从容易饲养的品种入手，逐步扩大饲养领域吧！

最后，用5个鱼名作为本书的结束语，愿你“彩虹丽丽宝石多，一帆风顺伴财神”。

作者骆宏谨识

2013年5月